기후변화에 대응하는
재생가능에너지

기후변화에 대응하는
재생가능에너지

마리우스 다네베르크 | 아드미어 뒤라카크 | 마티아스 하프너 | 슈테펜 키칭 공저

박진희 옮김

다섯수레

재생가능에너지 시대를 준비하자

재생가능에너지의 시대로

기후변화에 관한 정부 간 협의체(IPCC)는 지난 2013년 9월에 기후 변화에 관한 5차 평가 보고서를 발표하면서 "현재와 같은 추세로 온실가스를 배출할 경우 2100년에는 지구 평균 기온이 1986~2005년에 비해 3.7도 오르고 해수면은 63cm 상승"할 것으로 전망한 바 있다. 이 보고서에서는 세계 각국이 교토의정서를 대신하는 새로운 온실가스 감축 정책에 적극 나서서 감축을 실현하면 평균 기온 1.8도 상승에 해수면 47cm 상승으로 기후 변화를 완화할 수 있을 것이라고 하였다. 또한 IPCC는 기후 변화 원인이 산업화 이후 인간 활동으로 40%나 증가한 대기 중의 CO_2 농도임을 분명히 하였다. 즉, 온실가스는 산업혁명 이전보다 인간 활동에 따른 화석연료의 사용과 토지 이용에 따른 숲 파괴의 영향으로 그 농도가 높아졌다는 것이다. 이 보고서는 장기적인 온난화의 주요 촉진 요인인 CO_2 총배출량을 줄이지 않을 경우 해수면 상승 등으로 인한 지구에서의 삶의 파괴를 피할 수 없음을 보여 주었다.

IPCC 5차 보고서는 세계 각국의 기후 변화 위기 대응책이 여전히 미흡함을 보여 주고 있다. 1997년 교토의정서 비준 국가들이 생겨나고 온실가스 감축을 위한 배출권 거래제 등의 제도가 생겨났지만 이런 노력들이 획기적인 변화를 초래하지는 못했다는 것이다. 기후 변화로 인한 해수면 상승 63cm라는 파국을 피하기 위해서는 더욱 실질적인 국제적 공조, 각국의 실효성 있는 온실가스 감축 정책들이 이어져야 한다는 것이다. 기후 변화 대응이 미진하기는 하지만, 국제적인 대응 노력이 각국의 에너지 정책, 에너지 시스템, 에너지 세계 시장에 변화를 미치고 있는 것은 사실이다. 인위적인 온실가스 배출 원인이 되는 화석연료 사용을 대신하여 태양광, 풍력 등 재생가능에너지원 사용이 늘어나기 시작했고 재생가능에너지 설비 확산을 촉진하는 새로운 에너지 정책들이 마련되었으며 이 설비 기술들을 중심으로 한 새로운 에너지 기술 시장이 부상하고 있다.

이런 에너지 분야에서의 변화는 2010년 국제에너지기구(IEA)의 'Blue Map' 시나리오 발표 이후 더 가속화되고 있다. IEA에서는 에너지 생산성을 높이고 재생가능에너지 비

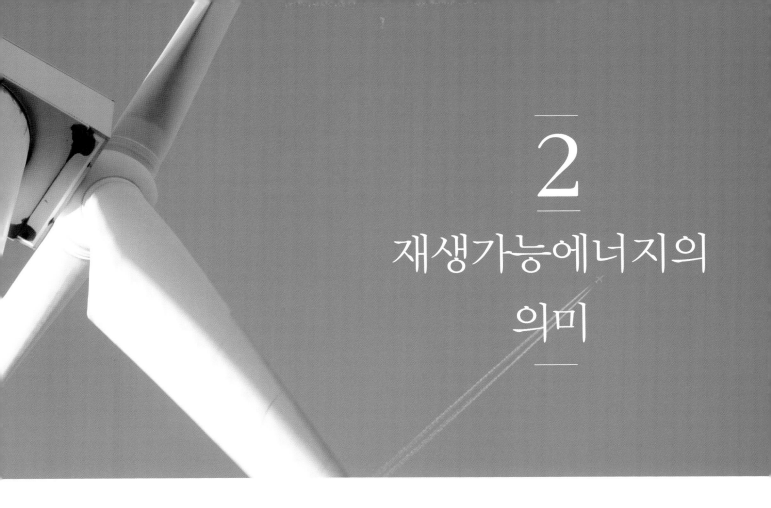

2
재생가능에너지의 의미

2.1 │ 재생가능에너지의 정의

재생가능에너지는 대안 에너지라고도 불린다. 재생가능에너지는 지구에서 일정한 시간을 두고 재생되거나 다시 자라나는 에너지 담지자이자 에너지원이다. 세 가지의 재생 가능한 1차 에너지원에는

▶ 태양의 핵융합
▶ 지구 내부의 동위원소 붕괴
▶ 천체의 중력이 있다(Petry 2009).

이들 에너지원의 반대편에 석탄, 석유, 천연가스처럼 저장량이 한정되어 있는 재생 가능하지 않은 화석에너지 담지자가 자리하고 있다. 에너지 담지자란 화학적 형태나 핵의 형태로 에너지를 저장하고 있어서 에너지를 얻거나 에너지를 수송하는 데 사용될 수 있

는 물질이나 원료를 말한다(Energie-Visions 2011). '재생가능에너지'는 사실 물리적인 차원에서 보면 아주 정확한 개념은 아니다. 에너지는 새로 생겨나거나 재생될 수 없기 때문이다. 에너지는 다만 다른 형태의 에너지로 변환될 수 있을 뿐이다(2.6 '에너지 개념의 물리적 기초' 참조). 그럼에도 이 책에서는 '재생 가능' 또는 '회복이 가능한' 에너지라는 표현을 지구에서 역사적으로 오랜 시간 동안 사용할 수 있고 다시 자라나거나 재생되는 에너지원이라는 의미로 사용한다.

재생 가능한 에너지 형태는 어떤 것이든 앞에서 언급한 세 가지 1차 에너지원 중 하나로 분류할 수 있다. 하지만 이렇게 나누는 것이 항상 간단하지만은 않다. 예를 들어 풍력에너지는 대기 중에서 공기의 움직임에서 비롯된다. 그런데 이 움직임은 태양복사에 의해 일어나며 지구 자전에 영향을 받는다.

태양은 에너지의 가장 많은 양을 전달해 준다. 지표에 도달하는 태양복사는 연간 전 세계 에너지 소비량의 1만 배 이상에 해당하는 에너지를 포함하고 있다. 두 번째로 큰 재생가능에너지원은 지열인데 태양복사의 1만분의 1도 안 되는 양이다. 그다음 재생가능에너지원은 조수 간만에 의해 발생하는 조력이다. 이것은 지구, 달, 태양의 움직임 사이에 작용하는 중력에서 유래한다. 이 에너지양은 물론 지열의 10분의 1밖에 안 되고 현재 사용할 수 있는 양도 아주 적다(표 2.1).

우리는 흔히 '에너지'라는 낱말을 잘못 사용한다. 그래서 **표 2.2**에서 에너지의 다양한 의미와 정의를 요약해 본다.

표 2.1
재생가능에너지의
종류와 이용 형태
(Hennicke/Fischedick
2010 참조하여 작성)

1차 에너지원	형태	자연스러운 에너지 변환	기술적인 에너지 변환	2차 에너지
	바이오매스	바이오매스 생산	열병합발전/전환 설비	열, 전기, 연료
	수력	기화, 강우, 융해	수력발전	전기
	풍력	대기 운동	풍력에너지 설비	전기
		파도 흐름	파력발전	전기
		조류	조류발전	전기
태양		지표면과 대기 가열	열펌프	열
			해양열 발전	전기
	태양복사		광분해	연료
		태양복사	솔라셀, 태양광발전	전기
			집열기, 태양열발전	열
달	중력	조수 간만	조력발전	전기
지구	동위원소 붕괴	지열	지열 열병합발전	열, 전기

표 2.2
에너지 개념
(Petry 2009,
Quaschning 2009
참조하여 작성)

에너지 개념	정의	예
1차 에너지	아직 기술적으로 처리되지 않은 원래 형태의 에너지	원유, 가스, 석탄, 우라늄, 태양복사, 바람
2차 에너지	정제된 1차 에너지	전기, 연료, 난방유, 천연가스
최종 에너지	최종 소비자에게 공급되는 형태의 에너지	천연가스, 액화가스, 난방유, 연료, 전기, 지역 난방
에너지 서비스 (사용 에너지)	최종 소비자가 사용하는 에너지	조명용 빛, 난방용 열, 기계나 차량용 동력 에너지

2.2 재생가능에너지를 옹호하는 다양한 논거들

에너지는 인간에게 핵심 사안의 하나이다. 에너지를 획득할 수 있게 해 준 새로운 기술은 언제나 당대 사회에 혁명적인 결과를 가져왔다. 수십만 년 전 인류가 처음으로 불을 피울 수 있게 되었을 때 인간은 문명사에서 결코 과소평가할 수 없는 전환점을 맞았다. 불을 피우고 이어 나무를 태우게 된 것을 에너지 획득의 시작으로 볼 수 있다. 그때부터 인간은 자신의 힘으로 자신이 원하고자 하는 때에 열의 형태로 에너지를 만들어 내게 되었다.

그러나 역학적인 에너지는 동물과 인간의 근력을 통해서만 얻을 수 있었다. 5000년 전에야 처음으로 인간은 물의 에너지와 바람의 에너지를 물방아, 풍차에서 이용하기 시작했다(Uni Wien 2011). 당시 이들 새로운 기술은 처음에는 중국에서, 그 후로는 그리스에서 이용되었다. 그다음 거대한 진보가 화석 에너지원의 이용이었다(100-%-Erneuerbar 2010). 화석 에너지원의 이용으로 에너지 획득과 공급은 급속도로 발전했다. 1850년만 해도 인간과 동물의 근력이 역학적 노동의 94%를 담당하고 겨우 4%를 기계가 수행하고 있었다. 그런데 100년도 채 되지 않아 이 상황은 완전히 바뀌었다. 겨우 2%의 노동이 근력으로 수행되는 반면, 역학적 노동의 98%가 기계의 힘에 의거해 이루어지고 있는 것이다(Petry 2009). 이 많은 기계들은 당연히 엄청난 양의 연료를 필요로 했고 에너지 수요는 점점 증가하기 시작했다.

에너지 수요가 세계적으로 빠르게 증가하다

2009년 전 세계 인구는 68억 명이었다. 유엔은 세계 인구가 앞으로도 계속 증가할 것으로 예측한다(그림 2.1). 2050년까지 79억~109억의 인구가 지구에 살고 있을 것으로 보이는데, 이는 1800년보다 9배가 증가한 숫자이다(UN 2009).

세계 에너지 수요가 인구수의 증가만큼 늘어날 것은 자명하다. 지구에 더 많은 사람이 살게 될수록 더 많은 에너지가 필요하게 될 것이다.

인구가 급속도로 늘어나는 것 외에 에너지 수요를 늘리는 또 다른 요인도 있다. 그중 하나가 개발도상국과 신흥공업국들의 발전이다. 세계에너지협의회(WEC)에서는 2009년에 에너지 수요가 477엑사줄(EJ)로 증가(Good Energies 2009)한 것을 토대로 2050년에는 에너지 수요가 631EJ이 될 것으로 예측한다(WEC 2007).

단위	자연과학적 표기	단어로 가치 표시	계산	약어
킬로(Kilo)	$1 \cdot 10^3$	1000	· 1000	[k]
메가(Mega)	$1 \cdot 10^6$	100만	· 1000 000	[M]
기가(Giga)	$1 \cdot 10^9$	10억	· 1000 000 000	[G]
테라(Tera)	$1 \cdot 10^{12}$	1조	· 1000 000 000 000	[T]
페타(Peta)	$1 \cdot 10^{15}$	1000조	· 1000 000 000 000 000	[P]
엑사(Exa)	$1 \cdot 10^{18}$	100경	· 1000 000 000 000 000 000	[E]

표 2.3
큰 단위 계산표
(Diekmann/Heinloth 1997 참조하여 작성)

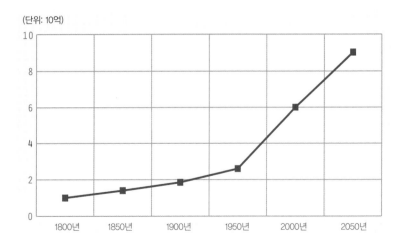

(단위: 10억)

그림 2.1
세계 인구 추이(UN 2009)

화석 에너지 자원은 제한되어 있다

지속적으로 증가하고 있는 이러한 에너지 수요는 미래에도 지속 가능하게, 즉 감소하지 않는 에너지원으로 충족되어야만 한다. 2009년에 세계 에너지 수요의 88%는 석유, 천연가스, 석탄과 같은 화석 에너지원으로 충당되었다. 겨우 8%만이 목재, 수력으로 충당되었고, 나머지 4%가 태양, 바람, 핵에너지에 의해 충당되었다(Petry 2009).

화석 에너지원 매장량은 3만 8695EJ로 추정되고 있다(BGR 2007). 2009년의 세계 에너지 수요로 어림해 보면, 이 매장량으로는 길어야 80년 동안 세계 에너지 수요를 충당할 수 있다는 결론이 나온다. 석탄은

전 세계 전통적인 에너지원 매장량의 약 47%로 1위를 차지하고 있다(그림 2.2). 갈탄과 석탄 매장량은 앞으로 약 200년간 이용할 수 있을 것으로 보인다. 전 세계 에너지 매장량의 2위, 3위 자리는 전통적인 석유와 전통적인 천연가스가 차지한다. 석유와 천연가스는 앞으로 각각 40년, 70년 동안만 이용할 수 있다(BWE 2011). 에너지 매장량의 나머지는 비전통적인 석유, 비전통적인 천연가스, 핵에너지원으로 분포되어 있다(BGR 2010).

전통적인 석유와 천연가스는 저장지에서 직접 큰 노력을 들이지 않고 추출할 수 있다. 비전통적인 석유와 천연가스 자원은 암석 형태로 저장돼 있어 복잡한 과정을 거쳐 추출할 수밖에 없다. 따라서 이것들을 추출하는 것은 비용도 많이 들고 시간도 많이 걸리는 일이다.

에너지 수요는 계속해서 증가하는 반면 화석 에너지원은 점점 고갈되고 있다는 점을 생각하면, 앞으로는 재생 가능한 에너지원에 근거해 에너지 공급을 해야 함이 자명해 보인다.

추가적인 동기로서의 기후 보호

재생가능에너지가 단순히 미래의 에너지 수요를 충당할 수 있다는 이유만으로 필요한 것은 아니다. 전

그림 2.2
세계 에너지 매장량(BGR 2010 참조하여 작성)

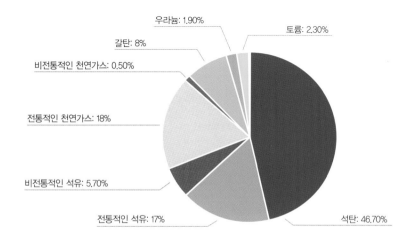

우라늄: 1.90%
토륨: 2.30%
갈탄: 8%
비전통적인 천연가스: 0.50%
전통적인 천연가스: 18%
비전통적인 석유: 5.70%
전통적인 석유: 17%
석탄: 46.70%

세계적으로 일어나고 있는 기후변화 역시 에너지 전환이 빨리 이루어져야 함을 말해 준다. 지구는 기후변화로 지난 100년 사이에 기온이 평균 0.74℃ 올랐다(IPCC 2007). 기후변화를 가져온 주요 원인 중 하나가 인간의 활동으로 생성된 온실가스이다. 예를 들어 전 지구적으로 연간 이산화탄소 배출은 1970년 21기가톤에서 2004년 38기가톤으로 80% 증가하였다(IPCC 2007). 이러한 지구온난화로 초래되는 결과는 엄청나다. 특히 해수면 상승은 심각한 위협이다. 여러 해안 지역들은 범람을 겪게 되고 그곳에 사는 주민들은 생활공간이 파괴된다.

2010년판 세계기상기구(WMO)의 연간 보고서는 파키스탄 남쪽 지역에서 일어난 심각한 영향을 잘 보여 주었다. 이 지역은 8월에 강력한 폭우가 여덟 차례나 쏟아져 1500명이 목숨을 잃었고 2000만 명의 주민들이 그 지역을 떠나야만 했다(WMO 2010).

또 다른 사례로 아마존 분지를 들 수 있다. 이곳에는 넓은 지역에 걸쳐 엄청난 가뭄이 찾아들었는데 열대 지역으로서는 매우 드문 일이었다(WMO 2010).

유럽에서 멀리 떨어진 지역만 기후변화의 영향을 받는 것은 아니다. 중부 유럽에서도 이상기후 현상들이 증가하는 것을 염두에 두어야만 한다(BMU 2010e). 예를 들면 2010년 독일에서 일어난 변화들도 기후변화 영향으로 잘 설명이 된다. 2010년 아주 춥고 눈이 많은 겨울에 이어 7월에는 강한 열파가 찾아왔다. 8월과 9월에는 다시 엄청난 강우가 이어져서 도로와 건물 지하가 물에 잠기기도 했다(BMU 2010e).

기후변화로 일어나는 결과는 재해 지역의 주민들에게만 심각한 것이 아니다. 이 때문에 국민경제도 엄청난 피해를 받는다. 독일경제연구소(DIW)는 기후변화로 초래되는 재해 등으로 인한 비용이 독일에서만 2050년에 약 8000억 유로에 달할 것이라고 추정하고 있다. 연구소는 이상기후 현상으로 인한 직접적인 비용을 3300억 유로로 추정하고, 에너지 비용은 3000억 유로로 증가하고 기후변화 적응 대책에 들어가는 비용은 1700억 유로에 이를 것으로 보고 있다

(DIW 2007).

따라서 기후변화 역시 지구에 존재하는 화석 에너지 매장량을 아껴서 써야 하는 동기가 될 수 있다. 그렇게 해야지만 에너지 전환을 준비할 수 있는 시간을 좀 더 가질 수 있고, 다른 한편으로 기후변화 속도를 완화시킬 수도 있기 때문이다.

핵에너지는 해결책이 아니다

기후 보호와 연관해서 많은 사람들이 이산화탄소의 배출을 줄이기 위해 핵에너지에서 해답을 찾고 있다. 이것은 첫눈에 보기에는 정답 같다. 원자력발전소를 운영하는 동안에는 직접적으로 이산화탄소가 배출되지 않기 때문이다(Öko-Institut 2007).

그러나 발전이 일어나기 전부터 시작되는 원자력발전소의 전체 생산 구조를 들여다보면 이 기술은 이산화탄소를 적게 배출하는 기술이긴 하지만, 이산화탄소를 전혀 배출하지 않는 것은 아니다(Öko-Institut 2007). 다른 에너지원으로 생산되는 전기는 원자력발전소에서 생산되는 전기와 비슷하거나 더 적은 이산화탄소를 배출한다. 태양의 힘으로 생산되는 전기는 원자력발전소에 비해 전체 생산 과정에서 kWh당 약 5g의 이산화탄소 배출 절감을 보이고, 풍력에너지는 이보다 더 많은 10g 절감을 보이고 있다(Öko-Institut 2011).

원자력으로 에너지를 얻을 때 이산화탄소 배출이 전혀 없지는 않지만 갈탄을 이용하는 화력발전소에 비하면 현저하게 적은 것이 사실이다. 갈탄 화력발전소는 원자력발전소에 비해 kWh당 36배나 많은 이산화탄소를 배출한다(Öko-Institut 2011). 1차 에너지 소비에서 핵에너지가 차지하는 비중은 전 세계적으로 약 6%에 불과하다. 이는 원자력발전소가 기후 보호에 기여를 하자면 현재 전 세계에 건설되어 있는 원자력발전소를 적어도 1000~1500기로 늘려야 할 필요가 있다는 것을 의미한다(Öko-Institut 2011).

지속 가능한 에너지 획득에는 이산화탄소 배출 문

제가 무엇보다 중요하다. 그렇다고 다른 중요한 요인들을 배제해서는 안 된다. 우라늄은 핵에너지를 획득하기 위해 필요한 중요 재료 중 하나이다. 그런데 우라늄은 지구에 무한정으로 존재하는 물질이 아니다. 우라늄 소비량을 지금의 수준으로 유지한다면 우라늄은 앞으로 70년간 수요를 감당할 수 있을 뿐이다 (Öko-Institut 2011). 현재 운영 중인 원자로에 필요한 우라늄은 이들 원자로가 폐쇄될 때까지는 공급될 수 있다. 그러나 원자력발전소가 대량으로 세워지게 되면 우라늄 매장량은 빠르게 줄어들어 새로 세워진 발전소에는 운영 기간 동안에 우라늄을 공급하지 못하게 될 수도 있다.

우라늄 채굴은 해당 국가들에 커다란 영향을 주게 된다. 광석의 우라늄 함량은 대개 0.5%로 낮아서 상당한 면적의 지각을 깎아 내야만 하고, 이로 인해 폐기물이 산만 한 높이로 쌓이게 된다. 이 폐기물 더미에서 방사성 라돈 가스가 방출된다. 폐기물 더미의 침출수 역시 방사능이 있는 독성 물질로 오염되어 사람과 환경에 심각한 위험을 초래한다. 우라늄 광석에서 우라늄을 분리하는 과정에서도 라돈이 방출되는데, 이 라돈은 여러 경로로 다른 물질들과 접촉하며 그 물질들을 오염시킬 수 있다.

우라늄 처리 과정의 마지막 단계가 우라늄 농축이다. 열화우라늄과 같은 폐기물은 무기 제조에도 사용될 수 있는 물질이다. 예를 들면 코소보 전쟁에서 탱크를 뚫을 수 있는 탄환은 우라늄 농축 과정에서 나오는 폐기물로 만들어졌다(Umweltinstitut München 2008).

게다가 원자로에서 나오는 방사성 폐기물 최종 처리 문제는 전혀 해결이 되지 않고 있다. 사용한 핵연료는 상당히 오랜 기간 동안 방사능을 지니고 있으며 이 때문에 잠재적으로 위험성이 높다. 따라서 핵폐기물은 여러 세대에 걸쳐서 이들 물질을 사용할 수 있도록 허가받은 사람들에 의해서만 보관되도록 해야 한다.

이렇게 해도 핵에너지의 위험성이 사라진 것은 아니다. 원자력발전소의 진짜 위험은 사고 위험이다. 핵

에너지의 역사를 보면 원자력발전소를 운영하는 과정에서 이미 수차례의 심각한 사고가 발생했다. 가장 최근에 일어난 사고가 재난에 가까웠던 후쿠시마 원전 사고이다. 2011년 3월 11일에 일본 북동부에 강력한 지진이 발생해서 그 지역을 흔들어 놓았다. 이어서 바로 수 미터 높이의 쓰나미가 해안을 덮쳤고 후쿠시마 제1원자력발전소가 물에 잠겼다. 이 두 가지의 자연 재난에 대비한 안전 설비가 되어 있지 않았다. 일본은 지진 위험 지대라는 것과 지진의 결과로 **항상** 쓰나미가 몰려온다는 사실을 잘 알고 있었음에도 말이다. 이 두 가지 자연 재난이 함께 일어난 것은 결코 드문 일이 아니었다. 지진 위험이 높은 지역의 해안가는 언제나 쓰나미 위협을 받고 있다.

후쿠시마 원전 사고는 제어할 수 없는 기술이 자연과 인간에 미칠 수 있는 재난을 잘 보여 주었다. 핵에너지 정책에 전 지구적인 새로운 경향이 출현했다. 여론조사 기관인 WIN 갤럽 인터내셔널에서 정기적으로 실시하는 여론 조사는 후쿠시마 원전 사고 이전 10여 년간 전 세계적으로 원자력발전 찬성 비율이 계속해서 높아져 왔음을 보여 주었다. 그런데 2011년 3월 21일부터 4월 10일까지 47개 국가에서 진행된 원자력 이용에 관한 설문 조사는 현저한 차이를 보였다. '원자력 찬성'은 일본 후쿠시마 사고 이전에 행해진 마지막 설문 조사에서 나타난 57%에서 49%로 감소했다. '원자력 반대'는 32%에서 43%로 증가했다. 응답자의 약 81%가 후쿠시마에서 연속적으로 발생한 사고들을 알고 있다고 답했다(Gallup 2011).

독일은 원자력과 연관된 지금까지의 재난으로부터 결론을 내렸다. 연방정부는 독일의 모든 원자력발전소를 2022년까지 전력망에서 퇴출하고 재생가능에너지로 원자력발전을 대체하겠다고 결정하였다. 독일의 생태 전기 비중은 이로써 2020년에 35%로 올라가게끔 되었다. 이를 달성하기 위해 독일 정부는 에너지 절약을 위한 건축물 개량 지원금을 2010년부터 연간 15억 유로로 늘렸다(DPA 2011).

국민경제 효과

전기를 소비하고 있다는 계산이 나온다(BMU 2010c).

독일 에너지 공급에서
재생가능에너지가 차지하는 비중

그림 2.3은 독일 에너지 공급에서 재생가능에너지가 차지하는 비중을 보여 준다. 이 책의 서두에서 언급했듯이 재생가능에너지가 점점 더 독일 내에서 호평을 받고 있다는 것을 이 그림에서 분명히 알 수 있다. 하지만 지난 12년간 재생가능에너지가 두 배 이상 증가했는데도 아직까지 재생가능에너지는 에너지 소비 전체의 10% 정도를 담당하고 있을 뿐이다. 이에 반해 재생가능에너지에 의한 전기 생산 비중은 1998년에서 2009년까지 세 배 이상 증가했다(그림 2.3). 이 수치는 앞으로 몇 년간 꾸준히 증가할 것이다(BMU 2010c).

독일에서 풍력에너지는 재생가능에너지의 많은 부분을 차지하고 있다. 그다음으로 많은 부분을 차지하는 것이 수력이다(그림 2.4). 이 두 에너지 형태가 재생가능에너지로 생산되는 전기의 60% 이상을 차지한다. 나머지 40%는 대부분 태양광과 바이오매스로 생산되는 에너지이다. 독일에서 재생가능에너지는 총 93.5TWh 전력 소비를 담당하고 있다. 이에 따르면 독일의 2~3인 가구가 연간 3600kWh를 소비하고 있으며, 현재 2597만 가구가 재생가능에너지에서 생산된

고용 효과

재생가능에너지에 의한 전기 생산 기술 비중이 증가함에 따라 이들 산업부문의 고용 효과에 대한 연구가 중요해지고 있다.

고용 효과 조사는 흔히 특정 지원 체계가 다른 지원 체계에 비해, 또는 현재 상태에 비해 고용에 어떻게 영향을 미치는지 밝히는 목적을 갖고 있다. 지난 몇 년간 이에 대한 체계적인 조사 연구 보고서들이 발간되었다.

이러한 조사의 주요 질문은 항상 '이 지원 프로그램

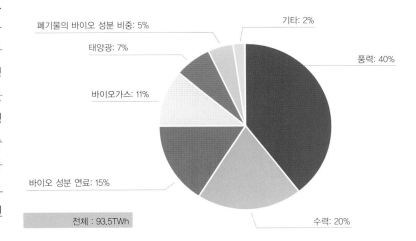

그림 2.4
2009년 독일
재생가능에너지 전기
생산 구조(BMU 2010c
참조하여 작성)

폐기물의 바이오 성분 비중: 5%
태양광: 7%
바이오가스: 11%
바이오 성분 연료: 15%
전체 : 93.5TWh
기타: 2%
풍력: 40%
수력: 20%

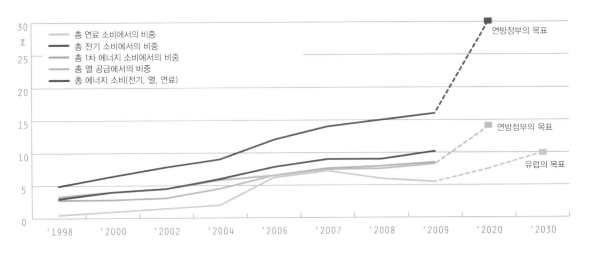

그림 2.3
독일 에너지 공급에서
재생가능에너지가
차지하는 비중(BMU
2010c 참조하여 작성)

총 연료 소비에서의 비중
총 전기 소비에서의 비중
총 1차 에너지 소비에서의 비중
총 열 공급에서의 비중
총 에너지 소비(전기, 열, 연료)

연방정부의 목표
연방정부의 목표
유럽의 목표

으로 일자리의 증가가 있었는가?' 하는 것이다. 그래서 지난 시기 여러 학자들이 재생가능에너지 영역으로 투입된 보조금이 노동시장에 미친 순효과를 자세하게 분석하기 시작했다. 이 조사를 수행하는 이들이 부딪히게 되는 것은 가능한 한 실제에 가까운 많은 시나리오들을 조사할 수 있는가 하는 것이었다. 특히 산업부문 일자리 숫자에 미치는 포괄적인 영향을 입증하거나 예측한다는 것은 어려운 일이었다. 이 때문에 여러 가지 실제에 가까운 시나리오에 대한 총고용 효과, 순고용 효과를 조사하는 일에 주의를 기울이게 되었다. 이 시나리오들의 총계로부터 전체의 총고용 효과와 순고용 효과를 도출하게 된다(Kratzat/Lehr 2007, Edler/O'Sullivan 2010, Lehr et al. 2011).

재생가능에너지의 긍정적 또는 부정적인 고용 효과를 조사하는 것이 복잡한 이유는 일련의 거시 경제적인 상호 의존성 때문이다. 조사에서는 거시 경제 측면에서의 비용-편익 연관성과 다른 기술과의 비교도 고려하게 된다. 따라서 재생가능에너지 생산 기술에 대한 투자뿐만 아니라 설비 공급, 운영, 정비 등에 의해서도 새로운 일자리가 만들어지게 된다는 점에 주목해야 한다(Kratzat/Lehr 2007, Edler/O'Sullivan 2010, Lehr et al. 2011). 여기서 종종 **직접 고용**이라는 단어가 사용된다. 그것은 재생가능에너지 생산 기술에 덧붙여 다른 부문에서 나오는 상품과 서비스가 필요하게 되는데, 이들 상품과 서비스 공급자들에게서 **간접 고용**이 일어나 일자리가 만들어지는 것을 뜻한다.

다음에 보이는 것처럼 **총고용**은 국내 기업들의 국내외 매출에서 비롯되는 직접 고용과 간접 고용의 결과이다(Kratzat/Lehr 2007, Edler/O'Sullivan 2010, Lehr et al. 2011).

간단히 말하면 총 일자리 증가는 한 산업부문 내에서 새로 만들어진 일자리이며, 다른 부문과의 상호작용은 고려하지 않는다.

표 2.4.
총고용 효과 계산
(Kratzat/Lehr 2007, Edler/O'Sullivan 2010, Lehr et al. 2011 참조하여 작성)

총고용 효과가 플러스 숫자로 나타나는 동안에도 순고용 효과를 플러스 또는 마이너스가 될 수 있게 하는 상반되는 영향이 존재한다(Kratzat/Lehr 2007, Edler/O'Sullivan 2010, Lehr et al. 2011).

순고용 효과에서는 재생가능에너지 확대로 일어나는 다른 경제 부문에서의 영향을 추가로 고려해야 한다. 이 효과를 계산하는 데에는 특히 다음의 두 가지 효과가 중요하다(Kratzat/Lehr 2007, Edler/O'Sullivan 2010, Lehr et al. 2011).

대체 효과

대체 효과는 재생가능에너지 영역에서의 고용에는 부정적 영향을 미친다. 이 효과에서는 재생 가능 전기와 열 사용이 증가함에 따라 전통적인 발전 용량이 덜 필요하게 된다는 점을 고려해야 한다. 따라서 전통적인 부문에 대한 투자는 물론이고 이들 발전소 운영과 정비 부문 투자도 재생가능에너지를 확대하기 전보다 줄어들게 되는 결과가 나타난다. 여러 국가들에서 상대적으로 이 대체 효과가 작게 나타나고는 있지만, 앞으로 여러 나라와 지역들이 재생가능에너지를 확대함에 따라 대체 효과의 의미는 커질 것으로 보인다.

예산 효과

예산 효과는 재생가능에너지 확대에 따른 기회비용에서 비롯된다. 이 비용은 전체 사회가 치르게 되는데, 비용 중 일부는 재생가능에너지를 위한 민간 예산과 공공 예산에 투입되며 다른 상품 소비로 이용되지 않을 수 있다. 따라서 다른 상품 소비가 줄어들어 이들 관련 부문의 매출이 감소하면서 일자리가 줄어들게 된다. 다시 말하면 재생가능에너지 생산 기술에 보조금 형태로 투자되는 금액이 다른 경제 영역에는 투입되지 않게 되면서 그 부문의 일자리가 줄어드는 효과로 나타난다는 것이다. 따라서 인상된 에너지 가격 때문에 여러 경제 단위들에서 줄어든 소비력을 다시 회복한다는 것은 쉽지 않다. 그러니까 여러 에너지 집약적인 부문은 이중으로 타격을 입는다. 예를 들어 제과점의 경우, 재생가능에너지부담금(EEG-Umlage)으로 전기 가격이 높아져서 오븐을 작동하는 데 더 많은 비용을 지불하게 된다. 한편 제과점 고객들이 에너지 가격이 높아지면서 지출을 줄이고 할인점의 값싼 제과 상품으로 옮겨 감에 따라 매출이 줄어들게 된다. 현재 예산 효과는 고용에 마이너스 영향을 미친다. 하지만 재생가능에너지가 전통적인 에너지보다 가격이 낮아지게 되면 이 효과는 플러스로 돌아갈 수 있다.

재생가능에너지 생산 기술에 대한 투자로 나타나는 순고용 효과는 표 2.5와 같다(Kratzat/Lehr 2007, Edler/O'Sullivan 2010, Lehr et al. 2011).

+ 총고용
− 대체 효과
+/− 예산 효과
= 순고용

표 2.5.
순고용 효과 계산
(Kratzat/Lehr 2007, Edler/
O'Sullivan 2010, Lehr et al.
2011 참조하여 작성)

여러 연구들이 재생가능에너지의 노동시장 잠재력이 높음을 강조하고 있다(Staiß et al. 2006, Kratzat 2007, Kratzat et al. 2008, Sander et al. 2010, Lehr 2011). 여러 재생가능에너지 생산 기술에서 앞으로 생겨나는 일자리에 관한 예측치는 종종 **서로 합쳐지게 된다**. 이렇게 더해져서 얻어진 수치가 총고용 효과로 표현된다.

물론 이렇게 합쳐진 숫자들은 대체 효과나 예산 효과를 고려하지 않기 때문에 지원 제도가 국민경제에 미치는 영향을 도출할 수가 없다.

여기에 더해 교역 관계가 점점 더 국제화됨에 따라 수출의 의미가 높아지고, 재생가능에너지 부문에서도 역시 점점 더 세계시장의 글로벌 플레이어들의 역할이 중요해지고 있다(Kratzat/Lehr 2007, Edler/O'Sullivan 2010, Lehr et al. 2011). 일자리는 재생가능에너지 생산 설비가 설치되는 국가에서만 생겨나는 것은 아니다(Kratzat/Lehr 2007, Edler/O'Sullivan 2010, Lehr et al. 2011).

스페인에 설치된 풍력발전 설비들은 중국이나 덴마크, 독일 생산 공장에서 생산된 것일 수 있고, 마찬가지로 독일에 설치된 태양광 모듈은 일본이나 미국에서 생산된 것일 수도 있다. 수출을 통해 생겨난 고용 효과 조사가 앞으로는 더 큰 의미를 가지게 될 것이다(Kratzat/Lehr 2007, Edler/O'Sullivan 2010, Lehr et al. 2011). 재생가능에너지 부문에서 국제적인 약력을 갖춘 기업들의 수가 계속 늘어나고 있기 때문에 수출로 인한 고용 효과는 더 증대될 수 있다는 것이다(Kratzat/Lehr 2007, Edler/O'Sullivan 2010, Lehr et al. 2011). 이렇게 볼 때 일자리 숫자가 수출에 의해 영향을 받을 수 있다는 것은 분명하다. 따라서 연구자들은 재생가능에너지 산업의 고용 효과를 총체적으로 분석하기 위해 이 영향을 어떻게 고려해야 할 것인가 하는 또 다른 과제에 직면해 있다(Kratzat/Lehr 2007, Edler/O'Sullivan 2010, Lehr et al. 2011).

실제로는 재생가능에너지 부문을 위한 지원 제도가 좋지 않은 상황일 경우 다른 경제 영역에 부정적인 영향을 미칠 수도 있다(Kaiser et al. 2011). 현재 늘어나는 에너지 비용으로 공장 문을 닫거나 해외로 나가는 기업들이 생겨나고 있는 것이 사실이다(K 2.2와 K 2.3 참조).

경제적 어려움에 빠진 상장 기업 플라이더러(Pfleiderer)는 2010년 12월에 그슈벤드, 에버스도르프, 니다의 공장 문을 닫았다(Pfleiderer 2010). 이로써 공장과 노이마르크트, 귀터슬로 사무실의 일자리 약 300개가 사라졌다. 나무, 아교, 에너지 같은 생산 요소들의 지속적인 가격 상승으로 공장을 더 운영할 수 없게 된 것이 폐업 원인으로 언급되었다(Pfleiderer 2010). 원료인 나무는 플라이더러 공장 주변에 있는 발전소 사업자들의 목재 수요가 증가하면서 결과적으로 가격이 올라갔다. 이로 인해 경제적인 판지 생산이 어려워졌던 것이다. 지난 5년 동안 나무 가격이 75% 상승한 것이 공장 폐쇄 원인이 되었다. 무엇보다 재생가능에너지법으로 목재를 연소시켜 전기를 생산하는 것이 더 이득이 되었고, 그와 함께 석유, 가스 같은 대체 상품의 가격 상승도 이유가 되었다. 순고용 효과 계산에서는 플라이더러 공장 폐쇄로 사라진 300개의 일자리를 총고용 효과에서 삭감해야만 한다(Kaiser et al. 2011).

예를 들어 독일연방환경부(BMU)가 경제구조연구회(GWS), 베를린 독일경제연구소(DIW), 독일항공우주센터(DLR), 프라운호퍼 시스템 혁신 연구소(ISI), 바덴뷔르템베르크 태양에너지와 수소연구센터(ZSW)에 의뢰한 연구 결과는 '재생 가능한 에너지 확대가 독일 노동시장에 미치는 단기적·장기적 영향'이라는 제목의 보고서로 2011년 2월에 발간되었다. 이 보고서는 2009년에 재생가능에너지의 총고용 효과로 34만 개의 일자리가 만들어졌다는 결론에 이르렀다(Edler/O'Sullivan 2010, Lehr et al. 2011). 2004년에 비해 이 부문에서의 총고용은 두 배 이상 증가했다(Kratzat et al. 2007, Edler/O'Sullivan 2010, Lehr et al. 2011). 보고서에 따르면, 2020년에는 재생가능에너지 부문에서 일자리가 50만 개로 다시 두 배 증가할 것으로 예상된다(Sander et al. 2010).

환경부에서는 대안 기술에 대한 국제적인 수요 증가와 재생가능에너지법(EEG)으로 인한 국내시장의 유리한 상황으로 이런 고용 증가가 계속될 것으로 보고, 2030년까지 50만~60만 개의 일자리가 생겨날 것으로 기대하고 있다.

순고용 효과를 고려할 때 이 연구 결과에 대한 보고서의 서술은 다음과 같다. "2030년에 재생가능에너지가 총 에너지 소비에서 약 32%를 차지할 수 있을 정도로 확대되면 거의 모든 분석 시나리오에서 전체 관측 시기 동안 순고용 효과가 플러스(2030년에 수출이 둔화 상태이거나 적정 수출이라고 가정할 때 10만~25만 개로 증가)인 것으로 나타난다. 낮은 석유 가격과 2007년 수준으로 수출이 정체된다는 가정에서는 몇 년 동안 화석연료에 기반한 기준 시나리오에 비해 고용 감소가 있는 것으로 나타난다."(Lehr et al. 2011:17)

독일연방환경부에서 의뢰한 연구에서는 순고용 효과가 총고용 효과에 비해 약간 높은 것으로 평가되었다. 적정 시나리오가 등장해서 약 25만 개의 일자리가 순수하게 생겨난다고 가정하면 고용 증가는 약 1%에 이르는 것을 의미하는데, 이는 재생가능에너지 확대에서 비롯된 것이다. 이 주제를 다룬 문헌들을 분석해 보면, 재생가능에너지 지원으로 나타나는 전체 경제의 순고용 효과를 전적으로 부인하고 있다는 점이 눈에 띈다(Bremer Energie Institut 2003, Energiewirtschaftlichen Institut(EWI) der Universität Köln et al. 2004, Hentrich et al. 2004, Fahl et al. 2005, Hillebrand et al. 2006, Pfaffenberger 2006, Frondel 2009, Michaels/Murphy 2009).

재생가능에너지의 고용 효과를 둘러싼 논쟁

연구자들 사이에서 이루어지는 논쟁은 특히 재생가능에너지의 긍정적인 고용 효과가 지금까지 재생가능에너지 지원으로 발생한 추가적인 비용의 경제적 영향으로 감소되거나 완전히 없어져 버리는 것은 아닌가 하는 문제에 관한 것이다. 이에 관해 에센에 있는 라인베스트팔렌경제연구소(RWI)에서 행한 연구는 다음과 같은 결론에 이르렀다. "전기 가격 상승으로 민간 재정과 산업 재정 예산이 줄어듦에 따라 대안적이면서 이익도 나는 투자에 투입할 재원이 줄어들게 된다. 높은 전기 가격으로 소비력이 줄어들게 되고 투자 자본이 없어지면서 다른 영역의 일자리에 부정적인 영향을 미치고 있다."(Frondel 2009: 23)

또 슈투트가르트 대학의 에너지 경제와 합리적인 에너지 사용 연구소(IER)는 다른 연구에서 다음과 같은 결론을 내렸다. "재생가능에너지법은 노동시장에 영속적으로 긍정적인 영향을 미칠 수가 없어 재생가능에너지 지원이 고용 정책 차원에서 정당화된다는 점을 입증할 수 없다."(Kaiser et al. 2011에서 재인용)

만하임에 있는 유럽 경제연구센터(ZEW)는 바덴뷔르템베르크 환경부에서 의뢰한 재생가능에너지의 고용 효과에 관한 연구에서 다음과 같은 결론에 도달했다. 계획대로 2020년까지 재생가능에너지 비중이 증가하게 되면 1만 개의 일자리가 생겨난다는 것이다. 또한 이 일자리 생성이 일시적으로 일어난다는 우려할 만한 사실도 언급하고 있다. 즉, 재생가능에너지를 생산하는 설비를 설치하는 동안에만 일자리 창출이 이루어진다는 것이다. 또 다른 부정적 결론은 다음과 같은 사실에서도 드러난다. 장기적으로 새로 생기는 일자리는 설비 건조 영역 등에는 부담으로 작용한다는 것이다. 이는 이들 영역에서 구인이 거의 비슷하게 이루어지고 있다는 데서 기인한다. 독일의 경우 무엇보다 양질의 전문 노동 인력이 모자라기 때문에 이들 전문 노동 인력이 한 산업 영역에서 보조를 받는 영역으로 이동하는 현상이 나타나는 것이다. 이렇게 이동이 일어난 영역에서는 일자리가 줄어들 뿐만 아니라 혁신력도 잃어버리게 된다.

앞에서 언급한 논의들이 보여 주는 것처럼 다양한 연구 결과나 기업의 결정에서 재생가능에너지가 고용에 미치는 영향에 대한 공통적인 결론을 끌어내기란 쉽지 않다. 현재의 분석들은 그 방법론이 서로 너무 달라서 의미 있는 결론을 도출하기가 어려운 것으로 보인다.

K 2.3 자동차 공급 업체 SGL 카본의 해외 이전

비스바덴 소재 기업인 SGL 카본(Carbon)은 특히 BMW에서 개발해서 현재 시제품 생산 단계에 있는 전기 자동차 i3의 패신저 셀용 탄소섬유를 비롯해 항공기와 풍력 산업에 쓰이는 각종 부품을 생산하고 있다. SGL에서는 탄소섬유 공장을 미국에 세우는 것이 적합하다고 결정했다(SGL 2010). 미국에서는 독일에 비해 에너지 비용이 3분의 1밖에 들지 않기 때문이다. 그런데 탄소 가공에는 에너지 비용이 큰 비중을 차지하는 반면 노동 비용이 차지하는 비중은 낮아, 임금이 높은 독일과 같은 곳에서도 생산할 수 있다. 따라서 BMW 소재지인 바이에른 인근에서 탄소섬유를 생산하는 것이 여러 면에서 나을 수 있겠지만, SGL에 따르면 높은 에너지 비용으로 이들 이점은 상쇄된다는 것이다. 이렇게 해서 SGL 카본은 미국에서 시제품 제작에 필요한 80개의 일자리를 만들어 내게 되었고 총설비가 완공되면 다시 200개의 일자리를 만들어 내게 된다고 한다(SGL 2010).

새 공장은 우선 두 개의 탄소섬유 패신저 셀 생산 라인에 각각 연간 1500톤의 생산 능력을 갖추게 되었다. 첫 탄소섬유 생산 라인은 2011년 3분기부터 생산에 들어간다고 한다(SGL 2010). 이 프로젝트가 계획대로 진행된다면 궁극적으로는 수천 개의 일자리가 만들어질 수 있을 것이다. 이로부터 나오는 결과는 한눈에 짐작할 수 있는 것보다 훨씬 더 광범위할 것으로 보인다. 예컨대 자동차 제조 업체에서 자동차 차체도 탄소로 만들기로 결정하고 지금까지 강철과 알루미늄으로 된 패신저 셀 제작을 중단하게 되면, 이는 현재 독일 자동차 산업 핵심 영역이 되고 있는 전통적인 차체 제작 분야의 일자리 감소를 의미하게 된다(Kaiser et al. 2011).

이 때문에 앞으로 이 책에서 따로 언급을 하지 않을 경우, 총고용 효과만을 보여 줄 것이다. 그렇지만 여기서 반드시 짚고 넘어가야 할 사실이 있다. 즉, 현재 언급된 문헌들의 플러스 순고용 효과 역시 정확하지 않은 것으로 보아야 하고, 어떤 경우 재생가능에너지 영역에서 마이너스 순고용 효과로 나타날 수도 있다는 것이다.

재생가능에너지
지원 법령들

2011년 초에 일어난 후쿠시마 원전 사고와, 그 후 독일이 내린 '2022년까지 탈원전'의 결정은 재생가능에너지에 의한 에너지 공급 논쟁의 핵심 주제가 되었다. 그러나 재생가능에너지의 붐은 후쿠시마 재난에서 비롯된 것만은 아니다. 그보다는 2000년에 만들어진 재생가능에너지법에 의해 비롯되었다.

재생가능에너지법

(EEG)

1991년에 이미 전력매입법(StrEG)이 제정되었다. 법 제정의 동기는 기후와 환경보호에 관한 독일의 관심에서 비롯되었다. 여기에 화석 에너지 자원을 아끼고 점차적으로 화석연료를 수입하지 않으려는 바람이 덧붙여졌다. 이 법으로 재생가능에너지로 에너지 공급을 전환하는 길이 트이게 되었고, 재생가능에너지 생산품의 시장 진출에 속도가 붙기 시작했다. 매입가는 1990년에 수력에너지 부분이 당시 전력 가격의 최소 75%, 태양에너지와 풍력에너지가 90%에 이르렀다(Bundesrat 1990).

전력매입법은 좋은 출발이기는 했지만 개정의 필요성이 많이 드러났다. 에너지 공급 회사들은 높은 매입가 때문에 재정적으로 너무 큰 부담이라고 불만을 토로했다. 다른 한편으로, 이 법으로는 재생가능에너지가 기존 전력 시장에 완전히 진입해 뻗어 나갈 수 있을 만큼 강력한 재정적 도움을 주지 못하고 있었던 것이다. 1990년에 PV 설비는 1kW에 약 1만 5000유로가 들었다. 이는 대단히 높은 비용으로 도저히 이윤을 바랄 수가 없었다. 따라서 재생가능에너지 전력 설비는 확산 속도가 느릴 수밖에 없었다.

2000년에 재생가능에너지법이 제정되자 재생가능에너지의 성공이 비로소 가능해졌다. 재생가능에너지법의 제정으로 재생가능에너지 설비를 한 투자자는 고정된 높은 매입 가격으로 자신이 생산한 전기를 15~20년간 팔 수 있게 되었다. 게다가 이 법은 전력망 운영자에게 이들 설비로부터 우선적으로 전기를 매입하도록 의무를 부과했던 것이다(Bundestag 2008). 그 후 미래 에너지에 대한 투자는 이윤이 많이 남는 사업이 되었고, 이는 현재까지도 그러하다.

그런데 재생가능에너지법에는, 새로운 설비에 대한 지원이 해가 갈수록 줄어드는 데 비해 매입가는 설비 첫 해에 정해져서 지원 기간 동안 고정되어 있다는 감소 요소가 있다. 이는 신기술의 시장 도입만 지원된다는 것을 의미한다. 그래서 이 분야 기업들은 새 설비를 좀 더 효율적으로 비용 절감해 생산해야 하는 것이다. 장기적으로 이 분야 기업들은 국가 지원이나 재분배 없이도 유지할 수 있어야만 한다.

**K 2.4 2008년 10월 25일 제정된
재생가능에너지법 1조**

1. 법의 목적

(1) 이 법의 목적은 기후와 환경보호를 위해서 에너지 공급의 지속 가능한 발전을 이루는 것이며, 에너지 공급에 들어가는 국민경제적 비용을 장기적인 외부 비용 효과를 고려하여 감축하는 것이며, 화석 에너지 자원을 절약하고 재생 가능 에너지원으로 전기를 생산하는 기술이 더 발전할 수 있도록 지원하는 것이다.

(2) 1항의 목적을 달성하기 위해서 이 법은 2020년까지 전기 생산에서 재생가능에너지가 차지하는 비중을 30%로 하고, 이후로도 점진적으로 증가시킨다는 목적에 따른다. (Bundestag 2008)

2011년 현재 kW 용량당 설비 가격은 약 2546유로에 이른다. 지난 20년간 PV 설비의 가격 하락(Solaranlagen Portal 2011)은 엄청난 가격 혁신과 함께 설비 생산도 효율적이 되었음을 입증하는 것이다.

일반적으로 이들 설비 운영자들은 전체 생산 전기

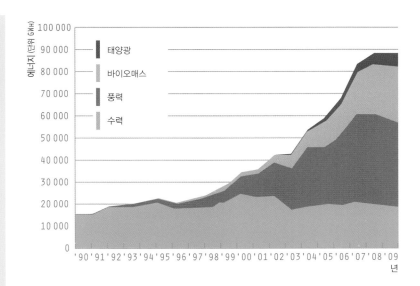

K 2.5 연방정부의 2050년까지
재생가능에너지에 의한 전기 공급 비중
목표(재생가능에너지법에서 발췌)

(2) 1항의 목적을 달성하기 위해서 이 법은 재생가능에
너지에 의한 전기 공급의 비중이 다음의 목표치에 다
다르게 한다는 목적에 따른다.

1. 늦어도 2020년까지 35%
2. 늦어도 2030년까지 50%
3. 늦어도 2040년까지 65%
4. 늦어도 2050년까지 80%

또한 이 전기 생산량이 전기 공급 시스템에 통합되
도록 한다.

(3) 2항 1에 따른 목표는 재생가능에너지가 최종 에너
지 소비에서 차지하는 비중이 2020년까지 최소 18%
에 이르도록 할 것이다. (Bundestag 2011)

그림 2.5
1990~2009년 독일
전기 생산에서
재생가능에너지가
차지하는 비중(BMU
2010c 참조하여 작성)

를 공공 전력망에 보내고 있다. 운영자가 스스로 필요
로 하는 전기는 다시 에너지 공급 회사로부터 들어와
사용하는 것이다(BMU 2010c). 이런 법적인 상황 덕분
에 재생가능에너지는 높은 이윤을 남기는 사업이 되
었고, 재생가능에너지원에서 생산되는 전기량은 급
격히 증가하게 되었다. 2008년부터 이런 경향은 줄어
들어 그래프가 평평한 모양을 보이게 되는데, 이는 매
입 가격이 급격히 낮아졌기 때문이다(그림 2.5).

독일은 재생가능에너지법의 도입으로 국제적으
로 재생가능에너지 분야에서 모범국의 역할을 맡게
되었다. 그리고 재생가능에너지법은 재생가능에너
지 역사의 성공적인 전환점으로 여겨지게 되었다. 47
개국이 이 법의 기본형을 도입했다(Green City En-
ergy GmbH 2008). 매입가는 국가별 기술 진보에 맞
춰서 정해진다. 전력매입법을 재생가능에너지법으
로 개정하면서 입법자는 이 법에 야심 찬 정치적 목
적까지 덧붙였다. 즉, 2020년까지 적어도 전체 전기
의 30%를 재생가능에너지로 생산하도록 한다(K 2.5

참조)는 것이다. 물론 현재로서는 이 목표치에 한참 못
미친다. 2010년 현재 재생가능에너지로 생산된 전기
는 16.1%이다(BMU 2010c). 그러나 독일 연방정부는
30% 달성을 확신하고 있다. 왜냐하면 지금까지 정부
가 세운 목표를 조기에 달성해 왔기 때문이다. 연방
정부는 2010년까지 총 전기 소비의 12.5%를 재생가
능에너지로 충당한다는 목표를 세웠는데, 이는 이미
2007년에 14.2%가 되면서 목표치를 넘어섰다(BMU
2008).

탈원전과 연관하여 독일 연방 국회에서는 2011년
6월 30일에 재생가능에너지 확대 목표를 더 높였다.
현재는 전기 생산에서 재생가능에너지가 차지하는
비중을 단계별로 80%까지 높이도록 해 두었다(Bun-
destag 2011). 공급망의 이런 변화는 전력망 하부구조
가 이에 적응해야만 하는 결과를 낳았다.

재생가능에너지열법

(EEWärmeG)

재생가능에너지법은 '녹색' 전기 시장에 긍정적인
영향을 미쳤다. 그런데 국민경제적으로 또한 중요한
것이 열 생산이다. 재생가능에너지는 2010년에 총
열 공급에서 9.8%를 차지했다(BMU 2011a). 2000년

(3.9%)과 비교해 2.5배 정도 증가한 것이다.

이를 기반으로 독일에서는 2008년에 재생가능에너지의 열 생산 잠재력을 이용하기 위해 재생가능에너지열법이 제정되었다. 2009년 초에 시행된 이 법에 따르면 2020년까지 재생가능에너지에 의한 열 공급 비중이 14%까지 늘어나야만 한다. 현재까지는 약 6%를 차지하고 있다. 이 법은 신축 건물에 사용 의무를 규정해 두고 있으며(4조) 열 생산에서 재생가능에너지 개별 비중이 얼마나 높아야 하는가도 정확히 규제하고 있다(5조).

태양에너지 이용 시 비중은 적어도 15%에 이르러야 하고 바이오가스의 경우는 30%, 지열과 주변 열의 경우는 50%를 차지해야만 한다. 이들 재생가능에너지들을 결합해서 사용할 수도 있다(Bundestag 2009). 재생가능에너지를 사용하지 않으려는 사람은 다른 대책, 예를 들면 단열을 크게 높인다든가 지역 난방에서 공급하는 열을 이용하는 방안을 활용할 수도 있다(BMU 2010f).

또한 건물 소유주는 열 생산에 재생가능에너지를 이용할 경우 재정적인 지원을 받는다. 이를 위해 연방 재정에서 약 5억 유로 예산을 배정해 두었다. 그런데 재생가능에너지 사용이 의무화된 이들과 자신의 뜻으로 재생가능에너지 열 설비를 도입한 건물 소유주에 대한 지원은 구분되어 있다. 이 규정들이 재생가능에너지열법에 나와 있다(BMU 2011b).

재생가능에너지로 열을 생산하는 것을 지원하는 제도 중 가장 중요한 것이 시장 촉진 프로그램(MAP)인데, 여기에는 보조금뿐만 아니라 낮은 이자의 융자가 포함되어 있다. 무엇보다 일반 가정은 태양열 설비를 설치하는 과정에서 보조금을 받는 등 연방정부로부터 지원을 받고 있다. 연방경제수출통제청(BAFA)에서 이 투자 보조금을 지불한다.

낮은 이자를 내는 융자 지원은 대형 공장이나 지자체의 재생가능에너지 열 설비 투자 계획에 우선적이다. 연방 소속의 재건은행 그룹(KfW Banken-gruppe)

은 이들 융자 지원 분배를 담당한다(Agentur für Erneuerbare Energien 2011). 이들 은행은 이와 병행해서 다른 다양한 지원 프로그램을 제공하고 있다.

2.5 지능형 전력망 –스마트 그리드

현재의 전력망

현재 독일의 전력망은 중앙집중적으로 구성된 네트워크이다. 엄청나게 많은 대형 발전소들이 전기를 대량생산해서 전력망으로 보내고 있다. 전기 생산은 매우 소모적이기는 하지만 충분히 계획할 수 있다. 발전소는 일반적으로 **기저부하 발전소, 중간부하 발전소, 첨두부하 발전소**로 구분한다. 예를 들면 기저부하 발전소로는 원자력발전소, 유입식 수력발전소 또는 갈탄 화력발전소 등이 있다. 중간부하 발전소로는 석탄 화력발전소가 있고, 첨두부하 발전소로는 저장 발전소나 양수 발전소, 가스터빈 발전소가 단기간 운용되고 있다.

기저부하 발전소는 영속적으로 투입되고 있으며 에너지 생산 비용이 낮은 것이 특징이다. 중간부하 발전소는 전기 소비 변동량을 따르는 설비이다. 이들 발전소는 연료비가 높지만 고정비용은 낮다. 첨두부하 발전소는 전력망의 첨두부하에 대비하는 설비이다. 첨두부하는 이른바 러시아워, 즉 아침 7시에서 9시 사이, 낮 12시 무렵, 저녁 7시에서 9시 사이에 발생하는데, 이 시간에 전기 수요가 가장 많기 때문이다. 이 설비들은 매우 유연하게 투입할 수가 있다. 다시 말해, 몇 분 안에 운전이 가능하다는 것이다. 에너지 공급자는 이들 발전소를 이용해 치솟는 전기 수요에 빠르게 대응할 수 있다(Werum 2010).

기저부하 발전소의 이용 시간은 연간 5000시간이 넘고, 중간부하 발전소는 최대 4500시간이며, 첨두부하 발전소는 2000시간 정도이다. 전력망은 언제나 균형 있게 이용되어야 하는데, 이는 이미 생산된 에너지가 동일한 시간에 이용되어야만 한다는 것을 의미한다. 이것이 최대한 비용 효과적으로 진행되려면 발전소들이 계획된 시간에 계획된 전력 생산량만큼 생산할 수 있도록 한 운전 계획대로 가동되어야 한다(Werum 2010). 여기에 덧붙여 전체 전력망은 전력망 통제소가 조정, 감시한다. 이 전력망 통제소는 전기를 영속적이고 안정적으로 공급하는 일을 한다. 독일에는 이런 통제소가 모두 800여 개 있는데, 이들 통제소는 서로 다른 전압 수준에 따라 관리한다(Metz 2010).

미래의 전력망

현재의 이런 전력망이 미래에는 변화되어야만 한다. 재생가능에너지가 급속히 확대되고, 또한 민간 영역으로 확대됨으로써 에너지는 지금까지처럼 몇몇 대형 발전소에서 공급되는 것이 아니라 다수의 소형 전기 생산자에 의해서도 공급될 것이다. 전력망으로 전기가 공급되는 것은 더 이상 중앙집중적으로 일어나는 것이 아니라 분산적으로 이루어진다. 그 밖에 개별 일반 가구는 이들 새로운 시스템에서는 더 이상 최종 소비자가 아니라, 소형 설비로 전기에너지와 열을 생산해 자체적으로 소비하거나 전력망에 송전한다. 이로부터 전력망이 대응을 준비해야만 하는 부하 이동이 발생하는 것이다.

소비자이자 생산자인 이들이 이 새로운 전력 시스템에 편입되어야만 한다. 그렇게 되면 전기가 남아돌아서 가격이 떨어질 때 세탁기나 세척기가 자동으로 돌아가게 할 수 있다(Werum 2009). 이것은 지금도 '스마트 계량기'에 의해 방법론적으로 가능하다. 스마트 계량기는 전자 측정 장치로, 소비자가 에너지 소비와 여기서 발생하는 비용에 관한 정보를 실시간으로 받을 수 있게 해 준다. 스마트 계량기는 기술적으로 다양한 기능과 결합될 수 있다. 예를 들어 수치가 나타나는 디스플레이를 부착할 수도 있고 인터넷으로 통계 분석할 수 있는 장치를 덧붙일 수도 있다. 이를 통해 소비자는 자신의 에너지 소비에 주의를 기울이고 에너지 가격이 낮아지는 밤 시간에 에너지를 사용하는 등 에너지를 절약할 수 있다(DENA 2011b).

여러 분산형 전기 생산자들에 의해 '불균질적인 전기 생산'이 일어날 수 있는데, 이는 지금까지의 전력 시스템에서 사용하던 수단으로는 통제하지 못할 수도 있다. 태양과 바람은 발전소에서 세우는 계획을 따르지 않는다. 전력망에서의 '전기 공급과 수요의 균형성'은 다른 방식으로 실행될 수밖에 없다. 예를 들면 태양광 발전과 풍력발전 단지에서 송전되어 소비되지 않고 남는 에너지를 **저장할 수 있는 능력**이 구비되어야 한다. 외형적으로 유연한 가스 발전소에 대한 대체물을 찾아야만 한다. 가스도 한정적인 연료이기 때문에 적어도 가스가 바이오가스에 의해 대체될 수 없는 기간 동안 가스 대체물을 찾아야만 한다.

에너지 저장에 관한 아이디어는 이미 차고 넘칠 만큼 많지만 보편적으로 적용할 정도로 경제성이 충분하다고는 할 수 없다. 예를 들면 전기 자동차 배터리를 중간 저장 장치로 쓸 수 있다. 따라서 전기 자동차를 개발하고 전기 모빌로 빨리 전환하는 것은 에너지 전략적 관점에서 무척 중요하다고 할 수 있다. 그러니까 남아도는 전기에 대한 수요가 낮으면 이를 전기 자동차 배터리에 중간 저장할 수 있다는 말이다. 이렇게 저장된 전기는 첨두부하 시에 다시 쓸 수 있다. 재생가능에너지 문제에서는 에너지 저장이 가장 중요한 주제 중 하나이기 때문에 연구소와 산업체의 여러 전문가들이 이에 관한 연구를 지속하고 있다(Pehnt 2010).

미래의 전력망은 외형적으로 복잡할 것이다. 모든 개별 구성 요소들이 서로 소통할 수 있어야만 전력망이 안정적으로 작동될 수 있다. 이렇게 완전히 새롭게 만들어진 전력망을 '스마트 그리드' 또는 '지능형 네트워크'라 부른다(Haber 2011). 지능형 전력망은 **동조화된 관리**를 통해 전체 전력 시스템이 에너지 효율적, 비용 효율적으로 운영될 수 있게 해 준다(VDE 2009). 여기에는 또한 다수의 서로 다른 참여자들이 소위 '가상 발전소'에 연계될 수 있도록 해 주는 정보통신 기술도 필요하다(8.3 '복합 발전소 슈마크' 참조). 시스템 제어에는 날씨 예보로부터 나오는 전력 생산 예측과 유사한 정보로 날씨 예보 정보도 투입된다. 이를 통해 유동적인 전력 생산 장치, 저장 장치, 가스 발전소 또는 양수 발전소들이 미리 예측한 전력 생산 결손을 메우거나 수요를 웃도는 전기 생산분을 저장할 수 있도록 가동된다(Bemmann 2007). 풍력발전 장치와 태양광발전 장치에서의 전기 생산이 날씨에 따라 변동하는 것은 이렇게 대처할 수 있다. 다수의 분산형 전기 생산자들이 전기를 시장에서 거래할 수 있도록 하는 데에는 가상 발전소가 유리하다. 서로 연계된 설비에서 생산되는 전기는 전력 거래소에 통합 상품으로 제공되는데 이를 통해 kW당 가격을 높게 받을 수 있다

(RWE 2011a).

요약하면 미래의 전력망은 현대 정보통신 기술을 이용해 다음과 같은 새로운 과제들을 해결할 수 있어야만 한다는 것이다(Ackermann/Ackermann 2009).

▶ 전력망에 다수의 전기 생산자들이 어려움 없이 '플러그 앤 플레이(꽂으면 실행된다는 뜻으로, 컴퓨터 실행 중에 주변 장치를 부착해도 별다른 설정 없이 작동함을 말한다. 여기서는 전력 시스템에 들어가는 구성 요소들이 별다른 장치 없이 망에 연계할 수 있도록 한다는 의미-옮긴이)'식 연결을 할 수 있도록 한다.

▶ 재생가능에너지원의 특성에서 기인하는 생산량 변동에 대응할 수 있어야 한다. 그러기 위해 전력망은 저장 가능성과 대규모로 조성된 부하 조

그림 2.6
지능형 전력망
-스마트 그리드
(Ackermann/
Ackermann 2009
참조하여 작성)

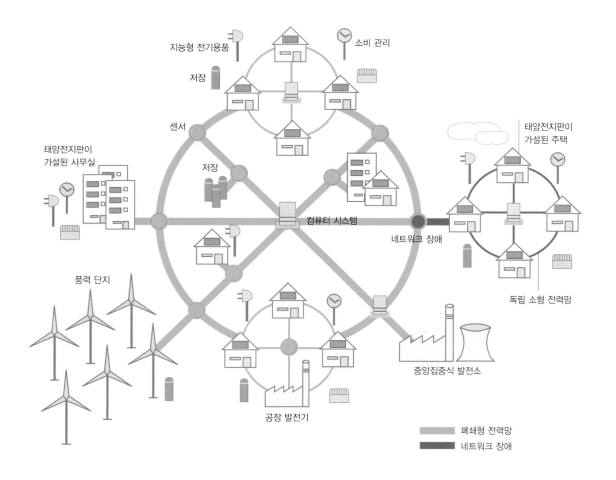

절 시스템으로 유동성에 대처할 수 있도록 한다.
- ▶ 설비 운영자들에게는 설비 상태에 대한 확실한 자료를 제공해 이들 설비를 효율적으로 운영할 수 있도록 한다.
- ▶ 지리적으로 멀리 떨어져 있는 지역들에서 이루어지는 전기 생산까지 잘 조직하여 재생가능에너지 전기를 효율적으로 이용하고, 그와 함께 전력망의 확대를 최소화할 수 있도록 한다.

그림 2.6은 앞에서 설명한 지능형 전력망을 단순화해서 보여 준다(Ackermann/Ackermann 2009). 전력망에 전기를 송전하는 생산자들은 다양하다. 풍력 단지, 발전소, 많은 저장 장치와 주택 지붕에 가설된 태양전지판 등이 있는데, 이들 전기는 전력망으로 송전되고 동시에 소비자들에 의해 소비된다. 이 전체 시스템은 대단히 복잡하기 때문에 중앙 컴퓨터 시스템에 의해 제어된다. 이러한 기술로 어떠한 장애가 생겨도 문제가 없다. 이를테면 구름에 해가 가려져도 이 지역은 스마트 그리드에서 송전되는 전기 공급을 받을 수 있게 된다.

슈퍼 전력망

이 새로운 지능형 전력망은 국내뿐 아니라 국외 지역까지 확대되고 있다. 재생가능에너지 전기를 국경을 넘어, 그리고 유럽 대륙을 넘어 수송하고자 한다면 새로운 종류의 기술에 주목할 필요가 있다.

유럽에서는 초고압 직류 송전(HGÜ) 기술을 통해 국가 간 전력망이 완벽하게 연결되어 있다. 이 기술의 장점은 큰 손실 없이 전기를 원거리로 송전할 수 있다는 것이다. 이에 반해 교류 송전 기술로는 국경을 넘어 몇백 km까지 전기를 송전할 수 있고 해저케이블로는 100km 이하의 거리 안에서 송전을 할 수 있다. 이보다 더 먼 거리에서는 교류로는 손실이 너무 크다. 발전소 출력 전기가 주로 전선을 가열해 버리는 데 쓰이고 만다! 이는 주로 전선 자체의 용량과 유도저항 때문이

다. 고전압 직류 송전선은 유럽에서는 이미 해상으로 영국, 스칸디나비아 반도와 중부 유럽을 연결하고 있다(Lübbert 2009). 직류에서도 물론 손실이 있긴 하지만 이는 전선의 옴저항에서 비롯된다. 노르웨이와 네덜란드 사이에 놓인 전선에서는 예를 들어 580km당 총 3.7%의 전력 손실이 일어날 뿐이다.

초고압 직류 송전은 재생가능에너지 확대와 더불어 여러 국가들 사이에 전기 교류가 대량으로 이루어질 수 있도록 확대되어야만 한다. 이로써 재생가능에너지 대량 공급이 가능한 지역은 수요가 많은 지역에 에너지를 공급해 줄 수 있게 된다. 예를 들어 초고압 직류 송전을 통해 아프리카에서 태양광으로 생산된 전기가 유럽 여러 지역으로 공급될 수 있다(3.1 '데저텍 프로젝트' 참조).

필요한 곳에 충분한 에너지가 공급될 수 있도록 현재의 전력망을 확실하게 개조해야 한다. 여기에 필요한 계획은 서로 다른 시간 범위에 따라 세워질 수밖에 없다(Ackermann/Ackermann 2009).

- ▶ 10~12년의 장기 계획을 세워 이 새로운 시스템이 실질적인 에너지 공급을 담당할 수 있도록 한다.
- ▶ 몇 시간 내에 충분한 에너지를 공급할 수 있도록 일일 계획을 세운다.
- ▶ 시간 범위 영역에서 일어나는 첨두부하에 초 범위 내에서 단기적으로 대응할 수 있도록 한다. 이는 미리 세워지는 전력 공급 계획에서는 미처 고려될 수 없는 것들이다.

미래의 과제는 이처럼 분명하다. 이들 과제는 평범하지는 않지만 해결할 수는 있다. 미래 전력 수요를 재생가능에너지로 안정적으로 충당하려면, 다른 대안은 없다. 태양광발전과 해상 풍력발전 등 녹색 전기를 전력망에 송전해 주는 이들 설비를 설치하는 예비 작업들이 선행되어야 한다(Ackermann/Ackermann 2009).

에너지 개념의
물리적 기초

에너지의 정의

에너지는 물리적 크기로, 우리가 일상적으로 만나는 개념이다. 물리적인 의미로 보면 에너지는 생산되거나 소비되는 것이 아니다. 그러나 에너지는 변환할 수 있고, 수송하고 저장할 수 있다. 그 때문에 일반적으로 물리학에서는 에너지를 '저장된 일'로 표현한다. 에너지는 여러 에너지 형태로 등장하고 이런 형태들로 변환할 수 있다(Stephan et al. 2009).

에너지 형태를 구분하기 위해서 종종 '엑서지(Exergie)'와 '애너지(Anergie)'라는 개념을 사용한다(Grimm 2008).

- ▶ **엑서지(특정 목표로 사용 가능한 에너지):** 한 시스템의 총에너지 일부를 의미하는 것으로, 이 에너지는 시스템이 외부 환경과 열역학적으로 균형 상태에 도달할 때 일을 수행할 수 있다. 엑서지는 에너지와 달리 보존량이 없다. 즉, 에너지와 달리 엑서지는 없어질 수가 있다(Stephan et al. 2009).
- ▶ **애너지(특정 목표가 없고 사용 가능하지 않은 에너지):** 더 이상 일을 할 수 없는 에너지를 나타낸다. 외부 환경과 열역학적으로 균형 상태에 있는 시스템은 에너지가 없는 상태가 아니라 엑서지가 없는 상태이지만 애너지는 여전히 갖고 있다(Stephan et al. 2009).

외부 환경의 온도와 압력보다 높은 상태에 있는 시스템에는 아래 공식이 적용된다(Stephan et al. 2009).

[2.1]   애너지 + 엑서지 = 에너지

에너지의 형태

여러 가지 에너지 형태가 있다. 재생가능에너지를 논하기 위해서는 특히 다음과 같은 에너지 종류가 중요하다(Diekmann/Heinloth 1997, Energie Evolution 2009, Grimm 2008, Quaschning 2009).

1. **역학적 운동에너지(운동에너지):** 자체 질량 관성으로 한 물체는 다른 대상을 운동 상태에 놓이게 할 수 있고 자신은 속도가 줄어들게 된다.

응용 예:

- ▶ 공기는 움직이는 기체 형태의 물체('바람')로서 자신의 운동에너지 일부를 풍력발전 설비 회전 날개에 제공할 수 있다.
- ▶ 자주 언급되는 운동에너지의 특수 형태인 회전에너지는 플라이휠 에너지 저장 장치나 플라이휠에 사용된다.
- ▶ 진동에너지 역시 역학 에너지의 특수 형태이다. 대부분 다른 에너지 형태가 진동에너지로 변환하는데, 예를 들어 스피커에서 소리가 날 때 전기에너지가 진동에너지로 변환한다. 원리적으로는 반대로도 일어난다. 즉, 파력발전에서는 진동에너지가 전기에너지로 변환한다.

2. **위치에너지 또는 역학적 정지에너지(포텐셜 에너지):** 중력 때문에 물체가 아래로 움직일 때 일을 수행하게 된다.

응용 예:

- ▶ 밧줄은 도르래를 거쳐 짐을 위로 올릴 수 있는데, 이렇게 하여 끌어 올리는 일을 수행하게 된다.
- ▶ 물은 액체로서 아래로 흘러내리면서 터빈을 돌릴 수 있다.

3. **전기에너지(전기적 흐름에 의한 에너지):** 전압 때문에 양극 사이에 전기장이 형성되고 전하 운반체인 전자가 전기 도선을 따라 움직이게 된다. 이 과정에서 전자에너지가 다른 에너지 형태로 변환한다.

응용 예:

- ▶ 전기 모터는 전기에너지를 운동에너지로 변환한다.

3
태양에너지

태양은 우리 태양계에서 가장 큰 에너지원이다. 태양은 연간 $1.08 \cdot 10^{18}$kWh의 에너지를 지구로 내보낸다(Geitmann 2005, Quaschning 2009, Wesselak/Schabbach 2009). 이것은 전 세계 에너지 수요의 1만 배에 해당한다. 독일의 평균 일사량은 1000kWh/m²에 이른다(그림 3.1).

사하라와 적도 부근의 일사량은 2000kWh/m²로 중부 유럽보다 두 배나 높다. 이것은 물론 일조시간과 관계가 있다. 독일에서는 일조시간이 연간 약 1000시간인 데 비해 사하라에서는 연간 약 2000시간이나 된다(Geitmann 2005, Petry 2009, Wesselak/Schabbach 2009).

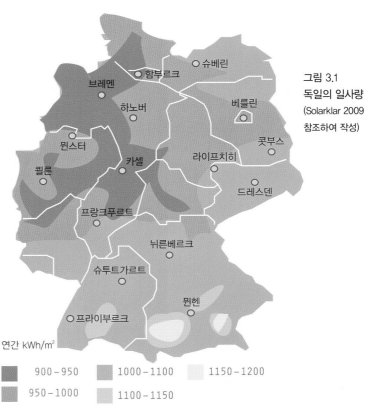

그림 3.1
독일의 일사량
(Solarklar 2009
참조하여 작성)

연간 kWh/m²

색	범위
	900 – 950
	950 – 1000
	1000 – 1100
	1100 – 1150
	1150 – 1200

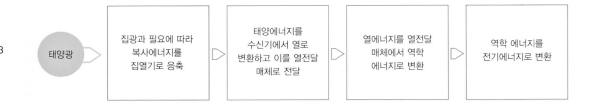

그림 3.2
태양열발전에서의
에너지 변환 사슬
(Kaltschmitt et al. 2003
참조하여 작성)

태양광 ▷ 집광과 필요에 따라 복사에너지를 집열기로 응축 ▷ 태양에너지를 수신기에서 열로 변환하고 이를 열전달 매체로 전달 ▷ 열에너지를 열전달 매체에서 역학 에너지로 변환 ▷ 역학 에너지를 전기에너지로 변환

태양복사에너지에서 열은 말할 것도 없고 전기도 얻을 수 있다. 태양열발전소(3.1'태양열 발전소')와 태양광발전 설비(3.3 '태양광발전')에서는 전기를 생산한다. 열을 생산하는 데에는 태양열 집열기(3.2 '열을 생산하는 태양열 집열기')가 쓰인다.

3.1 | 태양열발전소

태양열발전소는 태양복사를 먼저 열로 변환하고 이로부터 전기에너지를 발생시킨다. 미국에서는 이미 1906년부터 이런 종류의 발전소를 작동했다고 한다. 이 발전소의 잠재력은 대단히 높다. 이론적으로 태양열발전소는 전 세계 에너지 수요를 모두 충당할 수 있다. 현재 태양열발전소는 경제적으로 운영할 수 있지만 화석연료 발전소나 원자력발전소에 비하면 아직 경쟁력이 확실히 낮다. 이들 전통적인 발전 설비가 생산해 내는 양은 여전히 태양열발전에 비해 훨씬

많다. 물론 시간이 좀 지나면 이런 상황은 바뀔 수 있을 것이다.

태양열발전 설비에서는 1차 에너지인 태양복사가 여러 단계의 에너지 변환 사슬을 거쳐 사용 가능한 1차 에너지인 전기에너지(즉, 전기)로 변환된다(그림 3.2).

일반적으로 태양열발전소에서는 집중된 태양복사가 이용된다. 즉, 태양복사는 광학 설비(집광기)를 통해 수신기에 집중된다(Geitmann 2005, Kaltschmitt et al. 2003, Petry 2009, Wesselak/Schabbach 2009). 태양광을 집중시키는 이 시스템은 점 집중형이냐 선 집중형이냐에 따라 다시 구분된다(Geitmann 2005, Kaltschmitt et al. 2003, Petry 2009, Wesselak/Schabbach 2009). 비집중형 태양복사를 이용하는 유일한 발전소 형태가 태양열 기류탑 발전소(3.1 '태양열 기류탑 발전소' 참조)이다.

전 세계적으로 2009년 현재 집중된 태양에너지를 이용해 가동 중인 태양열발전소 전체 용량은 604MW이다(Vallentin/Viebahn 2009). 이 중에 569MW가 파라볼라형 태양열발전소이다(그림 3.3). 2010년에 이미 1GW가 되었는데 2013년까지는 2.2GW가 가동될 것으로 보인다(DENA 2011a).

파라볼라형 태양열발전소

1984년에 캘리포니아 사막에 세계 최초로 상업용 파라볼라형 태양열발전소가 세워졌다. 용량은 14MW였다(Quaschning 2009). 그 후 1990년까지 캘리포니아 모하비 사막에 파라볼라형 태양열발전소가 8개 더 세워졌다. 이들 9기 발전소의 전체 용량은

그림 3.3
전 세계 응집형
태양열발전소
(Vallentin/Viebahn
2009 참조하여 작성)

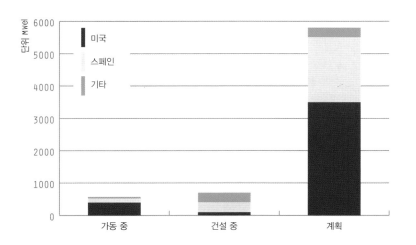

그림 3.4
스페인 남부의 안다솔
태양열 발전소

354MW였다(Kaltschmitt et al. 2003, Hug 2007).

그로부터 10년이나 지나서 대형 발전소 '네바다 솔라 원'을 짓기 시작해, 2007년 6월에 가동에 들어갔다(Accionia 2009). 이 대형 발전소는 64MW 용량으로 15년간 대형 파라볼라형 태양열발전소의 역할을 다했다(Accionia 2009, Quaschning 2009). 독일 쇼트사가 이 발전 설비의 수신기를 제작해 납품했다(Schott AG 2007). 유럽 최초의 태양열발전소 '안다솔 1'과 '안다솔 2'를 2008년부터 스페인 남부 그라나다 지역에 세웠고(그림 3.4), '안다솔 3'의 건설도 성공적으로 마쳤다. 현재 이 설비는 시험 가동 중이며, 2011년 10월에 상업 가동으로 옮아갈 것이다(RWE 2011b).

'안다솔 1'은 현재 세계에서 가장 큰 태양열발전소로 알려져 있으며(DLR 2009a), 20만 명에게 전기를 공급하고 있다(DLR 2009a). 이들 3기 발전소의 총용량은 150MW에 이른다(Solar Millennium AG 2010).

캘리포니아 블라이드 옆에 위치한 사막 지역에는 2013년부터 스페인의 안다솔보다 더 큰 태양열발전소가 세워질 예정이다. 각각 242MW 용량의 발전소 4기가 세워지는데, 총량이 약 1GW에 달해서 이 파라

볼라형 태양열발전소는 원자력발전소 1기에 맞먹는다(2014년 3월 이 계획은 태양광발전 프로젝트로 변경되어 캘리포니아 주의 승인을 받았다.-옮긴이) (Rundschau 2011, Energiespar 2011, Cleanthinking 2011a, Solar Millennium 2011).

파라볼라형 태양열발전소의 작동 방식

파라볼라형 태양열발전소에서는 파라볼라형 거울을 이용해 태양복사를 흡수관에 집중적으로 모은다(선형 집중 시스템). 이 흡수관은 태양복사를 받아 400℃까지 가열된다(Kaltschmitt et al. 2003, Watter 2009, Wesselak/Schabbach 2009). 이때 유리로 덮인 관과 특수 표면 처리로 열 손실을 막는다(Quaschning 2009, Watter 2009, Wesselak/Schabbach 2009). 흡수된 열은 온도 저항이 있는 합성 기름을 이용해 관을 통해 일반적인 발전 부분으로 전달된다(BINE 2003). 열교환기는 증기를 생성하고 이 증기가 증기터빈을 돌려서 전기를 생산한다(Kaltschmitt et al. 2003, Schwister 2009, 그림 3.5와 그림 3.6 참조).

파라볼라형 태양열발전소의 집광 장치들을 세워

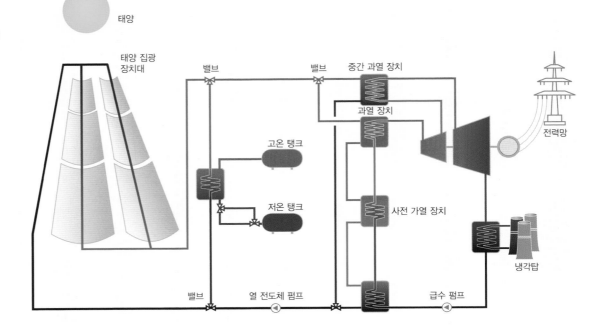

그림 3.5
열저장 장치를 장착한
파라볼라형
태양열발전소의 원리
(Quaschning 2009
참조하여 작성)

태양

태양 집광
장치대

밸브

밸브

중간 과열 장치

과열 장치

고온 탱크

저온 탱크

사전 가열 장치

전력망

냉각탑

밸브

열 전도체 펌프

급수 펌프

놓은 장치대가 충분히 넓은 면적을 갖기만 하면 발전소는 24시간 가동할 수 있다. 게다가 과잉으로 공급되는 열은 낮 동안 대형 열저장 장치에 저장되었다가 밤에 뜨거운 물의 형태로 공급되어 기름 증기나 수증기를 만들어 전기 생산에 이용할 수 있다(Quaschning 2009, Petry 2009, Watter 2009).

타워형 태양열발전소

태양열로 전기를 생산할 수 있는 또 다른 기술이 타워형 태양열발전소이다. 중앙의 탑 주위로 일광 반사 장치인 헬리오스태트를 여러 개 배치하는 것이다. 탑 꼭대기에는 복사열을 받아들이는 수신기가 있는데 각각의 헬리오스태트는 이 수신기에 초점이 맞춰지도록 되어 있다. 즉, 점 집중형 발전소이다(Kaltschmitt et al. 2003). 헬리오스태트들은 자동으로 태양을 향하도록 조정되어 있기 때문에 온종일 수신기로 태양복사를 보낼 수 있게 된다(Kaltschmitt et al. 2003, Quaschning 2009). 헬리오스태트는 수평은 방위 조정 장치에 의해, 수직은 고도 조정 장치에 의해 조정된다.

헬리오스태트는 소수점까지 정확하게 방향을 조정해 반사광이 항상 수신기의 초점에 닿을 수 있도록 되어 있다(Quaschning 2009). 수신기 초점에 위치하는 중앙 흡수 장치에서는 집중된 태양광이 공기를 데워서 1000℃ 이상에 이르게 한다(BINE 2003). 마지막으로 가스터빈이나 증기터빈으로 가동되는 발전 장치가 이 열을 전기에너지로 변환하게 된다. 여기서도 열저장 장치는 계속해서 전기가 생산될 수 있도록 해주는 기능을 한다(Kaltschmitt et al. 2003, Watter 2009).

상업용 설비에는 두 가지 서로 다른 수신기가 장착되는데, 그것은 부피가 꽤 큰 공개형 수신기와 압력 수신기이다(Quaschning 2009). 수신기는 헬리오스태트에서 반사된 복사에너지를 열로 변환하는 역할을 한다(BINE 2003, Quaschning 2009).

공개형 수신기(그림 3.7)에서는 송풍 장치가 공기를 흡입해 수신기 주위로 모이도록 한다(Quaschning 2009). 태양복사에 의해 수신기가 가열되면 수신기 주위에 흐르는 공기도 이 열을 받아 가열된다(Kaltschmitt et al. 2003, Water 2009). 흡입된 공기는 수신기 앞쪽을 냉각하게 되고 안쪽에서만 가열되는데, 이 과정을 통해 복사에너지 손실을 줄일 수 있다. 850℃까지 가열된

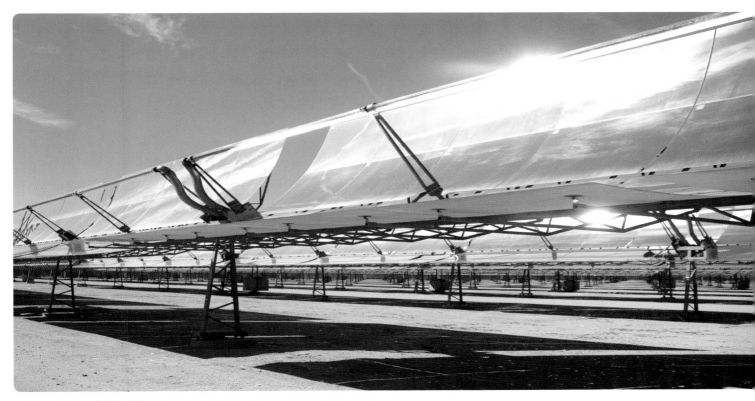

그림 3.6 파라볼라형 태양열발전소(구유형 태양열발전소, 출처: iStockphoto 2008, Bill Will)

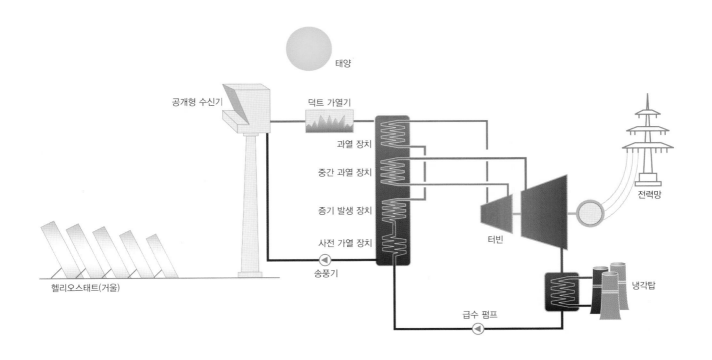

그림 3.7 공개형 수신기가 장착된 타워형 태양열발전소(Quaschning 2009, Watter 2009 참조하여 작성)

수신기 안쪽의 공기는 덕트 가열기를 통과하게 된다. 여기에 증기 발생 장치가 있고 이렇게 생성된 증기가 발전기를 돌려 전기를 생산하게 된다(Kaltschmitt et al. 2003, Watter 2009).

닫힌 수신기, 즉 압력 수신기(그림 3.8)는 빛이 통과하는 석영 유리창으로 외부와 격리되어 있다. 수신기에서 공기는 15바의 압력에서 1100℃까지 가열되어 열 전도체 없이 바로 가스터빈에 투입될 수 있다(Quaschning 2009, BINE 2003). 여기서 나오는 폐열은 그다음에 연결된 증기터빈을 돌릴 수 있도록 되어 있다. 그리고 다시 여기에 연결된 발전기가 열을 전기에너지로 변환한다. 이 기술로 태양복사를 전기로 변환하는 효율을 20% 이상 올릴 수 있다(Kaltschmitt et al. 2003, Watter 2009).

지금까지 이 기술을 이용한 상업용 설비 운영 경험은 많지 않은 편이다. 또한 타워형 태양열발전소의 용량은 상대적으로 아직 낮다. 하지만 최근 들어 구유형 태양열발전소의 경우는 이와 달라서, 이 발전소의 용량은 규모 면에서 원자력발전소와 맞먹을 수 있게 되었다. 스페인, 이스라엘과 미국에는 이미 시험용 설비

가 세워져 있다. 2007년에 스페인 세비야 인근 지역에는 'PS 10'으로 불리는 11MW 용량의 최초 타워형 태양열발전소가 가동에 들어갔다(DLR 2007). 그리고 이 설비 아주 가까이에 'PS 20'도 세워졌다. 이 발전소는 용량이 엄청나게 커져서 20MW에 달하고 있고 2009년에 가동에 들어갔다(Solarserver 2009). 독일에서 가장 큰 타워형 태양열발전소는 율리히에 세워져 있다(그림 3.10). 상업용 설비인 이 태양열발전소의 용량은 1.5MW이다(Quaschning 2009, SW Jülich GmbH 2011). 전 세계에 세워져 있는 타워형 태양열발전소의 총용량은 44MW이다(Richter et al. 2009).

디쉬 스털링 설비

발전소에서 태양열을 생성할 수 있는 또 한 가지 방법은 디쉬 스털링 설비(그림 3.11)이다. 여기서는 접시형 거울(디쉬)을 이용해 태양광을 집중(점 집중형)시키게 된다(Quaschning 2009, Watter 2009). 초점에 수신기가 있어서 복사에너지를 흡수하고 열 형태로 스털링 모터나 가스터빈에 에너지를 전달한다(BINE 2003).

그림 3.8
닫힌 압력 수신기가 장착된 타워형 태양열발전소
(Quaschning 2009, Watter 2009 참조하여 작성)

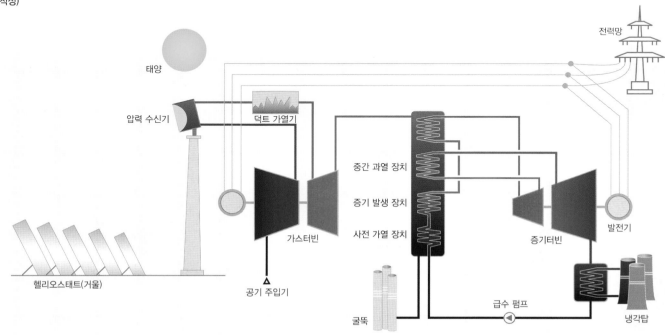

그림 3.9
솔루카 태양 단지에
있는 타워형
태양열발전소
(출처: iStockphoto
2010, Iñigo Quintanilla
Gomez)

그림 3.10
율리히에 세워진 독일
최대 타워형
태양열발전소의
반사 거울
헬리오스태트들
(출처: DLR)

전체 발전 시스템이 태양 위치를 따라 움직일 수 있도록 되어 있다. 즉, 태양의 위치에 따라 고도 조정 장치와 방위 조정 장치에 의해 수평이나 수직으로 움직여 최적의 위치를 잡는다.

터빈에서는 온도가 900℃에 이르게 된다(Quaschning 2009, Watter 2009). 스털링 모터는 열을 운동에너지로 변환해 발전기를 돌리게 되고 여기서 전기에너지가 생성된다(Quaschning 2009, BINE 2003). 이 모터는 태양열만이 아니라 연소열에 의해서도 돌아가는 특수성을 가진다(Kaltschmitt et al. 2003). 그래서 이 모터는 바이오가스 연소 장치와 연결해서 밤에도 전기를 생산할 수 있다.

이런 순수 태양 설비는 이미 미국과 사우디아라비아, 스페인에 설치되어 있다. 앞서 설명했던 태양열발전소와 비교할 때 이 설비의 단점은 kWh당 단가가 높다는 것이다. 그렇지만 이 설비를 대량생산할 수 있게

되면 비용은 많이 낮출 수 있을 것이다(Kaltschmitt et al. 2003, Quaschning 2009, Watter 2009).

가장 널리 알려진 설비로는 스페인 알메리아 인근에 설치된 '유로 디쉬' 발전소가 있다. 이 발전소는 2000년에 세워졌고 용량은 10kW이다(BINE 2003). 전 세계에 세워져 있는 디쉬 스털링 발전소의 총용량은 0.24MW이다(Richter et al. 2009).

태양열 기류탑 발전소

기류탑 발전소 또는 상향 기류 발전소라고도 불리는 이 발전소는 앞에서 설명한 발전소들과 많은 차이가 있다. 집중형 태양열발전소와 달리 이 기류탑 발전소에서는 태양광이 집중되지 않는다(Quaschning 2009, Watter 2009). 기류탑 발전소는 잘 알려진 세 가지 원리를 조합하고 있다. 대기가 가열되면서 일어나는 온실효과, 상승기류를 만들기 위한 굴뚝 효과, 전기를 생산하는 풍력 터빈과 발전기(Petry 2009, Watter 2009)의 원리이다. 이 발전소에서 집광 장치들은 거울 또는 플라스틱으로 된 거대한 천장 모양으로 낮은 높이에 설치되어 있다. 이 천장 중앙에 높이 솟은 굴뚝이 있다(그림 3.13). 이 거대한 천장 양쪽에서 공기가 흘러들어오고 집광 장치 아래쪽에서 이 공기는 가열된다(Energieverbraucher 2003). 따뜻해진 공기가 빠르게 굴뚝을 따라 위로 올라가게 되는데, 이 공기의 흐름이 풍력터빈을 돌리고 발전기는 전기를 생산하게 된다(Kaltschmitt et al. 2003). 유리 천장 아래 바닥에는 태양에서 받은 열이 밤까지 보존되고, 이 때문에 해가 져도 몇 시간 동안은 발전소에서 전기를 생산할 수 있다. 이 밖에 천장 가장자리는 마치 온실처럼 식물 재배나 건조실로 사용할 수가 있다(Petry 2009).

1980년대에 스페인에 50kW 용량의 시험용 기류탑 발전소가 세워졌다(Watter 2009, 그림 3.12). 탑의 높이는 195m였다. 그런데 1988년에 이 탑이 폭풍에 무너져 버렸다. 대형 기류탑 발전소 건설에 따르는 경제적 위험이 얼마나 큰지 예측하기 어렵다는 것이 크바

그림 3.11
디쉬 스털링 원리
(Forschungsverband
Erneuerbare Energien
2002 참조하여 작성)

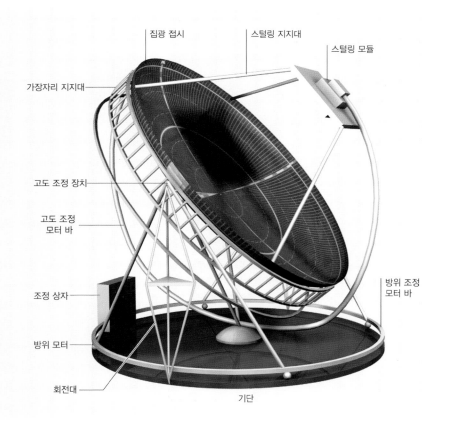

집광 접시   스털링 지지대

스털링 모듈

가장자리 지지대

고도 조정 장치

고도 조정
모터 바

조정 상자

방위 조정
모터 바

방위 모터

회전대

기단

슈닝(2009)의 말이다. 그럼에도 크바슈닝은 사막 지역에서 이 기류탑 발전소는 장기적으로 볼 때 경제적으로 운영할 수 있고 전통적인 화석연료 발전소(석탄이나 석유를 연료로 쓰는 발전소를 말함)와도 경쟁할 수 있다고 본다(Quaschning 2009). 예를 들면 호주 남동쪽에 위치한 밀두라를 비롯해 몇몇 지역에 기류탑 발전소를 건설하는 프로젝트에 관한 논의가 있었다. 호주에 세워질 발전소는 200MW 용량으로, 탑의 높이가 1000m, 지름이 170m에 이르도록 계획되어 있었다(Energieverbraucher 2003). 그러나 이 발전소는 건설되지 못했다. 설비에 투자할 투자자가 적었던 것이 가장 큰 이유였다. 이 프로젝트에 투입될 총비용은 6억 유로로 추정되었다(Deutschlandfunk 2009).

데저텍 프로젝트

데저텍 프로젝트는 다음과 같은 생각에서 비롯되었다. 태양광이 가장 집중적으로 내리쬐는 사하라 사막 같은 곳에서 왜 태양 전기를 생산하지 않고 있을까? 그곳에서 전기를 생산해 전기가 필요한 북아프리카나 근동 또는 유럽으로 송전을 하면 되지 않는가. 이렇게 되면 2050년까지 47억 톤의 CO_2 배출을 줄일 수 있을 텐데 말이다!

12개의 대기업으로 구성된 데저텍 산업 발안위원회에서는 이 프로젝트를 2050년까지 완료하려 하고 있다. 이 위원회에는 ABB, ABENGO solar, Ce-vital, Deutsche Bank, E.ON, HSH Nordbank, MAN Solar Millennium, Munich Re, M+W Zander, RWE, SCHOTT Solar und Siemens가 속해 있다. 총 4000억 유로가 이 프로젝트에 투입될 예정인데, 장기적으로 사막에서 생산된 전기의 17%는 유럽 전기 수요를 충당하도록 계획되어 있다(Desertec 2011).

발렌틴과 비반(2009)에 따르면 이 전기는 재생가능에너지, 무엇보다 태양열발전에서 얻는 것으로 되어 있다. 여기에 적용되는 기술을 태양열응집발전(Concentrated Solar Power: CSP) 기술이라고 한다. 구유형

그림 3.12 스페인 만자나레스에 세워진 태양열 기류탑 발전소
(출처: Schlaich Bergermann Solar)

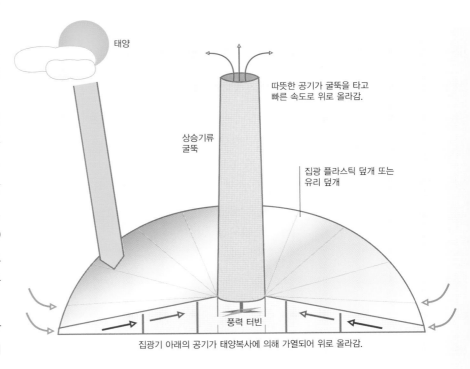

태양

따뜻한 공기가 굴뚝을 타고 빠른 속도로 위로 올라감.

상승기류 굴뚝

집광 플라스틱 덮개 또는 유리 덮개

풍력 터빈

집광기 아래의 공기가 태양복사에 의해 가열되어 위로 올라감.

그림 3.13 태양열 기류탑 발전소의 원리(Quaschning 2009 참조하여 작성)

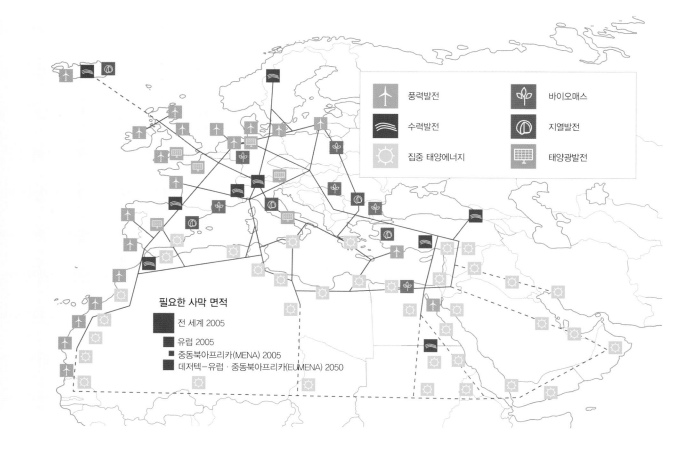

풍력발전
바이오매스
수력발전
지열발전
집중 태양에너지
태양광발전

필요한 사막 면적

전 세계 2005
유럽 2005
중동북아프리카(MENA) 2005
데저텍-유럽 · 중동북아프리카(EUMENA) 2050

그림 3.14 데저텍 프로젝트: 사하라로부터 유럽으로 지속 가능한 전기 공급에 필요한 인프라. 사하라에 세워지는 태양열발전소가 데저텍 프로젝트의 중추를 이룬다. 풍력발전, 바이오매스와 수력발전이 아프리카에서 송전되는 전기를 보충하게 된다. 붉은색의 사각형은 전 세계, 유럽과 독일에 송전되는 전기 생산에 필요한 면적을 잘 보여 준다.(출처: Desertec 2010)

태양열발전소, 타워형 태양열발전소와 디쉬 스털링 발전소가 이에 해당한다.

이들 발전소에서 나오는 전기는 초고압 직류 송전망으로 송전된다. 이 송전망에서는 손실률을 최대로 낮추면서 전기를 수천 킬로미터까지 송전할 수 있다고 한다(Petry 2009). 1000km 송전 시 초고압 직류 송전망에서는 3% 이하의 손실밖에 일어나지 않는다(DLR 2006). 이는 기존 교류 고압 송전 손실률의 20분의 1에 해당한다(2.5 '슈퍼 전력망' 참조). 아프리카에서 독일까지 송전 길이는 약 3000km이다. 이 과정에서 약 10%의 손실이 일어나고 있으며, 이에 따른 비용은 kWh당 1~2센트에 이를 것으로 보고 있다(Böhling

2009, DLR 2006). 이 프로젝트의 중추를 이루는 것이 태양열발전소이다.

독일항공우주국의 TRANS-CSP 연구(DLR 2006)에 따르면 4000억 유로로 약 50기의 태양열발전소와 초고압 직류 송전망이 구축되는데 총용량은 100GW에 이를 것이라고 한다. 이 비용은 전기 판매 수입으로 상환될 수 있을 것으로 보고 있다(DLR 2009b). 유럽 전기 수요의 17%를 재생가능에너지로 충당하려면 2500km² 사막 면적을 차지하는 CSP 발전소와 3500km²의 초고압 직류 송전망이 필요한데 이 시설물들은 전체적으로 약 2000만 km²의 면적에 퍼져 있게 된다(DLR 2009b, 그림 3.14 참조).

발렌틴과 비반(2009)에 따르면 CSP 기술 확장을 위한 데저텍 재단은 '기후 비상 계획'을 세웠다. 이 계획은 다음과 같다.

"2010~2015: 태양열발전소에 대한 투자 보조나

전력 구매 제도 또는 집광 장치 생산 설비에 대한 투자 보조와 같은 정치적인 동인을 활용하여 CSP 기술을 시장에 진입시킨다.

2016~2035: CSP 발전소에 필요한 집광 장치 생산을 전 세계적으로 확산시켜 총 생산 용량이 연간 600GW에 이르도록 한다.

2031~2050: 일일 건설 용량이 1.5GW에 이를 정도로 CSP 발전소의 대량 확산을 기한다. 이는 전 세계적으로 하루에 약 30억 유로가 투자되는 것에 해당한다."(Vallentin/Viebahn 2009)

스페인과 미국은 가장 많은 태양열발전소가 건설되어 현재 태양열발전소의 주요 시장이 되고 있다. 태양열발전소의 대량생산으로 비용이 아주 내려갈 것으로 기대한다(Kaltschmitt et al. 2003). 지난 10년간 구유형(파라볼라형) 태양열발전소와 타워형 태양열발전소가 많이 세워지면서 비용이 현저하게 떨어졌다. 하지만 기류탑 발전소와 디쉬 스털링 발전소의 경우 아직까지 시장 형성이 긍정적으로 보이지는 않는다(Geitmann 2005, Quaschning 2008).

3.2 열을 생산하는 태양열 집열기

태양열 설비는 낮은 온도 영역에서도 열을 생산하는 데 이용될 수 있다. 이것은 온수와 난방에서도 전 세계적으로 널리 이용되고 있다.

독일은 집열기 시장이 작은 편이지만 중국은 현재 세계적으로 엄청나게 큰 집열기 시장이 형성되어 있다(Geitmann 2005, Quaschning 2009, Watter 2009). 독일에 설치된 태양열 집열기 면적은 2010년에 약 1300만 m³(BMU 2010, Watter 2009)였다. 이에 비해 중국은 같은 해에 약 1800만 m³에 이르렀다(Quaschning 2009). 대부분의 집열 설비는 능동적으로 태양에너지를 이용하지만 피동적으로 이용할 수도 있다. 예를 들어 단열이나 건물 방향을 적절하게 조정해서 피동적인 이용도 가능하다(K 3.1 참조). 이를테면 제로 에너지 하우스는 태양에너지의 능동적 이용과 피동적 이용을 조합해 탄생한 것이다. 제로 에너지 하우스는 난방이나 온수에 필요한 에너지를 전적으로 태양에만 의존하는 건물을 말한다(Geitmann 2005, Quaschning 2009, Schwister 2009). 최근에는 제로 에너지 하우스가 그 집 자체가 소비하는 에너지보다 더 많은 에너지를 생산하고 있다.

열을 생산하는 태양열 집열기에서는 1차 태양에너지가 소비자가 이용할 수 있는 열로 변환하는데, 이 과정은 원리적으로는 4단계에 걸쳐 일어난다(그림

K 3.1 피동적 태양에너지를 이용해 패시브하우스 방식으로 지어진 공장

헤센 주 남부에 위치한 츠빙겐베르크에는 2000년에 유럽 최초의 패시브하우스 방식의 공장이 들어섰다. 패시브하우스는 열 손실을 막기 위해 최대한 단열을 한 집으로, 예를 들면 전기기기 사용에서 발생한 열까지도 이용하는 집이다.

츠빙겐베르크의 이 건물은 생산 부분과 사무실 부분으로 구성되어 있는데, 중간에 빛이 통과하는 유리로 된 부분이 들어서 있다.

건물 외장은 공기가 조정되지 않은 채 바깥으로 나가지 못하도록 해 놓았다. 공기는 열 회수 장치가 달린 환기 설비를 통해서만 나갈 수 있게 되어 있다. 이렇게 하기 위해 60m 길이의 관 5개를 바닥에 깔았다. 이 관을 통해 흡입된 외부 공기가 들어오게 된다. 이것은 아주 실용적인데, 계절에 따라 달라지는 온도로 겨울에는 이 흡입 공기가 땅바닥을 덥히고 여름에는 건물을 냉각하기 때문이다. 이 때문에 3700㎡의 이 대형 건물에 필요한 난방열과 공정열을 공급하는 데 80kW 용량의 컨덴싱 가스 보일러만으로도 충분하다.

이는 비슷한 크기의 다른 건물에 비하면 난방 비용이 10분의 1밖에 들지 않는다는 뜻이다. 설치 후 7년 만에 서텍사는 약 12만 5000유로의 난방비를 줄일 수 있었다고 한다(MW 2007).

그림 3.15
태양열 집열기에서의
에너지 변환 사슬
(Kaltschmitt et al. 2003
참조하여 작성)

그림 3.16
저장 집열기 단면
(Quaschning 2009
참조하여 작성)

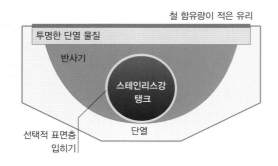

3.15). 흡수 매체가 태양복사에너지를 열의 형태로 받아들인다. 그리고 이 열을 열 전달기에 내주면 열 전달기는 다시 이 열을 저장 매체로 보낸다. 여기서 열은 어느 정도의 시간 동안 보관된다(Geitmann 2005, Quaschning 2009, Schwister 2009).

저장 집열기

마시는 물을 데우기 위해 우리는 저장 집열기를 이용한다(그림 3.16). 이 저장 집열기의 특징은 집열기에 저장기가 통합되어 있다는 것이다(Leuschner 2007a). 저장기에 순수하게 물만 흐르도록 하면 겨울에는 얼어 버릴 위험이 있다. 그래서 이런 집열기는 에어로졸 알갱이나 폴리카보네이트와 같은 투명한 단열 물질(TWD)로 열 손실을 막도록 되어 있다(Watter 2009). 투명 단열 물질을 이용하면 태양복사는 흡수 물질로 통과해 들어간다. 그러면 저장 집열기의 열 손실이 최소화되고 열은 더 이상 바깥으로 나가지 않는다(Quaschning 2009).

저장 집열기는 원리상 스테인리스강으로 된 탱크, 반사기와 단열부로 구성되어 있다(그림 3.16). 탱크는 집열기 중앙에 위치해 있으며 거울(반사기)이 그 주위를 싸고 있다. 이 반사기는 태양복사를 탱크로 반사한다. 탱크 표면은 흡수 물질로 작용한다. 탱크에 물이 흘러 들어가면 이 물은 저장 매체로 흡수 물질로부터 열을 받아들인다. 태양복사가 충분히 열로 변환할 수 있도록 탱크 표면은 특수하게 층을 입히거나 검은색으로 칠한다(Kaltschmitt et al. 2003, Leuschner 2007a).

이런 저장 집열기는 부품이 작기 때문에 제작하는 데 돈이 적게 든다. 하지만 다른 집열기에 비해 무거워 대부분의 지붕에는 저장 집열기를 설치할 수가 없다. 크바슈닝(2009)은 이 저장 집열기 원리로 시장에서 성공한 사례가 한 번도 없었다고 서술하고 있다.

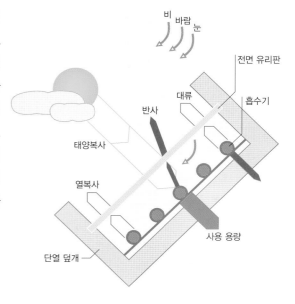

그림 3.17 평면 집열기의 원리(Wesselak/Schabbach 2009, Schwister 2009 참조하여 작성)

평면 집열기

유럽에 가장 많이 확산되어 있는 식수 가열용 집열기가 평면 집열기이다(그림 3.17). 핵심 구성 부분인 관 모양의 흡수기가 집열기 내부에 위치해 있다(Energie-Zukunft 2011). 흡수한 태양광은 관 표면에서 열로 전환된다. 흡수관으로 물이 흐르게 해 전환된 열을 받아들인다(Geitmann 2005, Schwister 2005).

집열기 뒷면은 열 손실을 막기 위해 온도 내구력이 있는 물질, 예를 들어 폴리우레탄-스티로폼이나 광물 섬유판(Quaschning 2009)과 같은 물질을 이용해 단열을 하고 있다.

앞면에는 유리판이 있는데, 이 유리판은 광선이 집열관으로 통과하도록 하면서 공기 흐름과 열복사가 직접 발생함으로써 일어날 수 있는 열 손실을 막도록 되어 있다(Kaltschmitt et al. 2003). 이런 역할을 잘 수행할 수 있도록 유리판 재료로는 열처리가 되고 철 함유량이 적은 유리가 사용된다. 이 유리판의 한 가지 단점은 입사하는 태양광선이 특정 입사각에서는 부분적으로 반사되어 흡수기에 도달하지 못한다는 것이다.

이러한 유리 대신 플라스틱을 사용할 수도 있지만 플라스틱은 유리에 비해 수명이 훨씬 짧다. 그래서 플라스틱은 아직까지 널리 이용되지 못하고 있다(Quaschning 2009).

그렇지만 집열 덮개는 플라스틱이나 나무 또는 함석으로 만들 수 있다. 물론 이들 재료의 이음매 부분 등은 아주 세심하게 작업해야만 한다. 덮개와 유리판은 서로 잘 맞물려 있게 하고, 열 손실을 없애고 먼지가 안으로 들어오는 것을 막기 위해 바깥쪽으로 밀폐 처리를 해야만 한다.

아주 잘 밀폐된 집열기라도 날씨 때문에 온도 차가 크게 나면서 안쪽에 습기가 발생할 수 있다. 그래서 집열기에는 환기 장치를 통합해, 습기가 생겨 유리판 안쪽이나 집열관 위쪽으로 응축되는 것을 막도록 하고 있다(Geitmann 2005, Schwister 2009).

평면 집열기의 효율성은 계절에 따라 15~50%로 다르며, 연평균은 30.4%이다(Müller/Giber 2007). 태양열 집열기는 공기를 열 매체로 활용할 수 있어(그림 3.18) 공기 집열기로 불린다. 원리상으로는 공기 집열기와 열 집열기는 거의 차이가 없다(Quaschning 2009).

진공관 집열기

진공관 집열기는 저압 상태의 관으로 구성된다. 관에는 메탄올 같은 액체가 들어 있다. 관 내의 압력이 낮아 이 액체는 25℃에서도 기화하게 된다. 그러면 증기가 위로 올라가게 되고 열 매체인 액체는 열교환기를 통해 열을 내주게 된다(DGS 2011, Geitmann 2005, Schwister 2009). 응축 과정을 통해 액체는 중력에 의해 다시 밑으로 흘러 내려간다(DGS 2011, Geitmann 2005, Quaschning 2009, Schwister 2009).

진공관 집열기에는 두 가지 형태가 있다. 하나는 열 파이프를 설치하는 것인데, 이때 열 파이프의 관들을 수평에서 25도 이상 기울어지게 장착해야 한다(DGS 2011, Geitmann 2005, Quaschning 2009, Schwister 2009).

다른 하나는 집열기를 관통하고 있는 열관을 이용

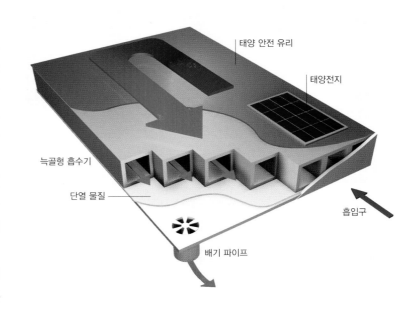

태양 안전 유리
태양전지
늑골형 흡수기
단열 물질
흡입구
배기 파이프

그림 3.18
늑골형 흡수기와 환기 장치 작동을 위해 태양광 모듈을 통합한 공기 집열기의 단면(Quaschning 2009, Watter 2009 참조하여 작성)

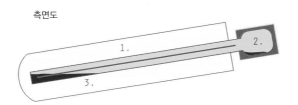

측면도

하는 것이다. 이 열관을 통해 열 매체인 액체가 바로 집열기 전체로 흐르게 된다. 이것은 열교환기가 필요하지 않고 집열기를 기울어진 곳에 고정할 필요도 없다(Geitmann 2005, Quaschning 2009, Schwister 2009).

슈미트(2002)에 따르면 태양관 집열기는 구조적인 조건을 잘 만족시키는 유리관을 사용한 진공관 집열기로서만 실제 구현되고 있다고 한다. 유리관은 형태상 외부에서 영향을 미치는 공기압에도 잘 견디게 된다.

진공관 집열기는 계절에 따라 19.5~65%의 효율성을 보인다. 연평균 효율성은 39.5%이다(Müller/Giber 2007). 진공관 집열기의 장점은 무엇보다 아주 추운 계절에도 에너지 수확량이 높다는 것이다. 물론 진공관 집열기는 평면 집열기나 저장 집열기보다 값이 비싸다.

태양열 집열기의 활용 영역

태양열 집열기는 다양한 영역에서 전통적인 난방 또는 냉방 기기 보조로 이용할 수 있다. 슈미트(2002)에 따르면 가장 많이 쓰이는 영역은 다음과 같다.

▶ 태양열을 이용한 야외 수영장 난방
▶ 태양열을 이용한 용수 가열
▶ 태양열을 이용한 근거리 열 공급
▶ 태양열을 이용한 난방 보조
▶ 태양열을 이용한 냉기 생산

태양열을 이용한 야외 수영장 난방

태양에너지를 직접 이용해서 야외 수영장을 덥힐 수 있다는 것은 아주 분명해 보인다. 겨울 동안 태양광선이 적을 때 야외 수영장은 폐장되지만 태양광선이 충분해서 수영장 물을 덥힐 수 있는 여름에 수영장은 개장되어 있다. 열 수요와 태양이 제공하는 광선 공급은 거의 동시에 일어나기 때문에 태양열로 수영장을 난방하는 것은 특히 투자 가치가 있다.

야외 수영장의 열 수요는 수영장 표면 $1m^2$당 150~450kWh라고 한다(KVS 2004). 독일에는 약 50만 개의 민영 야외 수영장과 8000개의 공영 야외 수영장

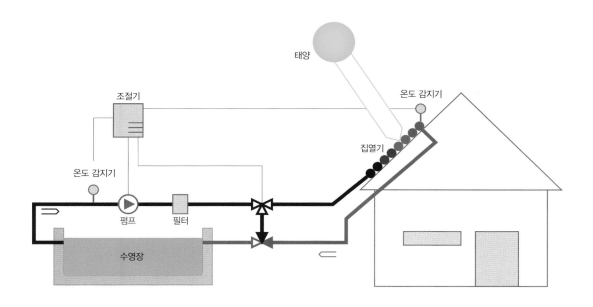

그림 3.21
태양열을 이용한 야외
수영장 난방 도식도
(Geitmann 2005,
Quaschning 2009
참조하여 작성)

이 있다(Quaschning 2009, Schwister 2009). 이들 수영장의 난방에 화석 에너지를 이용하지 않으면 연간 7만 5000L의 난방유를 절약하게 된다(Geitmann 2005, Quaschning 2009, Schwister 2009, Watter 2009).

이와 같은 설비의 원리는 정말 간단하다(그림 3.21). 야외 수영장의 수온은 20~28℃로 낮은 편이다. 따라서 값도 싸면서 간단한 흡수기 깔개를 쓸 수 있다. 흡수기 깔개를 지붕이나 수영장 옆의 비어 있는 땅에 설치하면 된다(Kaltschmitt et al. 2003, Watter 2009). 온수 저장기를 따로 설치할 필요가 없는데, 수영장이 저장기의 역할을 대신하기 때문이다(Kaltschmitt et al. 2003, Watter 2009). 물은 펌프 설비를 통해 필터를 거쳐 흡수기로 들어가고 여기서 데워진 물이 다시 수영장으로 흘러 들어가게 된다(DGS 2009). 흡수기 때문에 온도가 높아질 가능성이 있을 때에만 펌프가 작동하도록 해야 한다. 예컨대 하늘에 구름이 끼어 있을 때에 펌프가 쓸데없이 물의 열을 바깥으로 발산하게 해 수영장을 냉각시킬 수도 있는데, 두 개의 온도 감지기가 달린 조절기(이점 조절기)가 이런 일이 발생하지 않도록 한다. 즉, 펌프는 온도 감지기의 온도 차이가 특정 경계를 넘었을 때에만 작동하게 된다(Quaschning 2009, Kaltschmitt et al. 2003). 크바슈닝(2009)에 따라 태양전

지 설비를 이용해서 태양이 있을 때만 펌프가 물을 데울 수 있게 전기를 공급하는 것도 한 방법이다.

태양열로 야외 수영장 난방을 하는 데 들어가는 비용을 가스 난방과 비교하면, 4년 반만 지나면 연료비

난방	천연가스	태양열 흡수기
투자비	36 000€	81 800€
자본 비용	3700€/년	8425€/년
사용 에너지	32 500kWh/년	276 000kWh/년
보조 에너지	1625kWh/년	5520kWh/년
연료 수요	342 000kWh/년	0kWh/년
가스·전기 비용	19 005€/년	662€/년
정비	715€/년	818€/년
총비용	23 420€/년	9905€/년
열 가격	0.072kWh/년	0.036kWh/년
비용 회수 기간	4.5년	

표 3.1 야외 수영장 한 곳을 대상으로 한 계산 사례로, 절감한 연료 비용만으로도 4.5년 후에 태양열 난방 투자 비용을 회수할 수 있음을 보여 준다(출처: DGS 2009).

절감으로 투자 비용을 회수할 수 있다고 한다(표 3.1). 그 후로는 절감한 연료 비용으로 운영비가 연간 1만 9000유로 이상씩 줄어들게 된다.

위의 사례 계산을 위해 다음과 같은 값이 계산의 근거로 사용되었다(출처: DGS 2009).

▶ 야외 수영장 표면적: 1600m²
▶ 전기 비용: 0.12유로/kWh
▶ 천연가스 비용: 0.055유로/kWh
▶ 900m² 흡수 집열기 설비

태양열을 이용한 용수 가열

간단하면서 값도 싼 흡수기는 수영장 물을 데우는 데 필요한 낮은 온도용으로 사용하기에 알맞다. 높은 온도로 데울 때는 이 흡수기가 손실이 크다. 용수를 데우는 데는 65℃까지의 온도가 필요하기 때문에 여기서는 평면 집열기나 진공관 집열기 또는 저장 집열기를 이용한다(Geitmann 2005, Quaschning 2009, Schwister 2009).

간단한 일 순환 시스템

용수를 가열하는 데 필요한 간단한 시스템은 물을 채운 검은 통인데, 이 통에 든 물은 태양광선으로 따뜻해지게 된다. 이와 같은 시스템은 예를 들면 캠핑장 같은 곳에서 사용할 수 있다. 차가운 물은 밀도가 높아서 따뜻한 물보다 무겁기 때문에 통 속에서 아래로 가라앉게 된다. 따라서 수도꼭지는 통의 위쪽에 달아야 한다(Quaschning 2009, Watter 2009). 통을 나무에 매달면 확실하다. 이와 같은 설비는 당연히 원시적이다. 통이 비게 되면 물을 직접 손으로 채워 넣고 다시 데워질 때까지 기다려야만 한다. 이 시스템은 자원 보호적이고 지속 가능하긴 하지만 평균적인 중유럽 사람들이 일상적으로 사용하기에는 적합하지 않다.

그럼에도 이와 비슷한 시스템이 널리 이용되고 있다. 중력 설비가 그것인데, 이 설비는 중력의 도움으로 직접 물을 다시 채워 넣어야 하는 문제를 해결했다(그림 3.22). 이 설비는 간단한 캠핑 시스템처럼 집열기와 축열기로 구성되어 있다. 이 시스템에서도 축열기는 집열기보다 높게 위치해 있어야만 한다. 축열기 아래쪽에 있는 차가운 물이 아래쪽에 설치한 수도관을 거쳐 집열기에 도달한다. 이 물은 집열기에서 데워지면서 가벼워져 중력 원리에 따라 위로 올라간다. 이제 따뜻해진 물은 다른 관을 통해 다시 축열기로 되돌아간다. 축열기의 온수는 위쪽에서 수도꼭지를 틀어 뽑아 씀으로써 소비자는 언제나 온수를 이용할 수 있게 된다(Solarserver 2010). 또한 물탱크의 물을 일일이 손으로 채울 필요가 없도록 축열기 아래쪽에 있는 차가운 물 유입 장치가 탱크에 물을 공급해 준다(Geitmann 2005, Quaschning 2009). 이 중력 설비의 장점은 추가적인 펌프가 필요 없다는 것이다.

중력 설비에서는 무거운 축열기를 항상 집열기보다 **높게** 장착해야만 하기 때문에 설치할 때 문제가 발생하곤 한다. 이 축열기는 너무 무거워서 건물이 이를 떠받치지 못할 정도이다. 그러므로 대부분의 단독 주택들에는 적합하지 못한 설비이다. 독일에서는 40~50%의 용수가 난방 설비에 의해 가열되고 있다(Quaschning 2009). 게다가 대부분의 온수 저장기는 건물 지하에 설치되어 있다. 즉, 온수 순환에서 가장 아래쪽에 위치하고 있는 것이다. 그래서 이 온

그림 3.22
중력 설비 작동 원리
(Quaschning 2009
참조하여 작성)

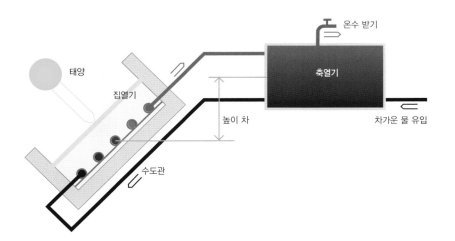

태양
집열기
높이 차
수도관
온수 받기
축열기
차가운 물 유입

수 저장기는 중력 설비에 연결될 수가 없다.

이중 순환 시스템

이런 문제 말고도 하나의 물 순환 시스템(단일 순환 시스템)을 지닌 중력 설비와 같은 시스템은 저장 집열기의 경우에서처럼 겨울에는 얼어 버릴 위험이 있다. 그래서 추운 지역에서는 이중 순환 시스템이 이용된다(Schminke 2010). 이 시스템은 용수 순환과 태양 순환 시스템을 갖추고 있다. 이중의 물 순환 시스템은 서로 분리되어 있다. 태양 순환계에서 물은 동결 방지 물질을 함유하고 있다. 축열기 내부에는 열교환기가 들어 있다. 태양 순환계에서 나오는 물은 집열기를 통과해 먼저 흘러서 축열기의 열교환기로 들어간다. 그곳에서 물은 열교환기를 통해 열을 용수 순환계로 보낸다. 용수는 축열기로 흘러 들어갈 수 있고 다시 빼서 쓸 수 있다(Quaschning 2009, Kaltschmitt et al. 2003).

독일에서는 **강제 순환 장치가 달린 설비**가 주로 설치되어 있다. 여기서는 전기 펌프가 물을 집열기에서 저장기로 수송하게 된다. 이 펌프 덕분에 저장기와 집열기를 독립적으로 여러 장소에 설치할 수 있다. 물론 둘 사이의 거리가 너무 멀어지지 않도록 주의해야 하는

데, 그렇지 않으면 온수관을 통해 열 손실이 너무 많이 발생할 수 있기 때문이다. 강제 순환 장치가 달린 설비는 이 펌프가 수영장 난방에서처럼 실제 필요한 수요와 관계없이 쉬지 않고 계속 작동해야 한다는 단점을 갖고 있다.

하지만 여기서도 앞서 언급한 이점 조절기의 도움으로 펌프 조절을 할 수가 있다. 온도 감지기는 대부분 축열기와 집열기의 온도 차가 5~8℃일 때 펌프가 작동할 수 있도록 조정되어 있다. 온도 차가 2~3℃로 떨어지면 펌프는 작동을 멈추게 된다(Quaschning 2009, Kaltschmitt et al. 2003). 대개 펌프로는 우리가 익히 알고 있는 종래의 난방용 순환 펌프가 사용된다(HaustechnikDialog 2006). 여기서도 펌프 전기 공급을 위해 태양전지 설비가 이용될 수 있다.

태양열을 이용한 근거리 열 공급

앞의 시스템들로는 개별 가구에 열을 공급하게 된다. 물론 똑같은 원리로 여러 가구에 동시에 온수를 공급할 수도 있다(그림 3.23). 어떤 주택 지구나 상업 지구 전체의 열 수요를 한 발전소에서 충당하는 것을 근거리 열 공급이라고 한다(Schmidt 2002). 근거리 열 공

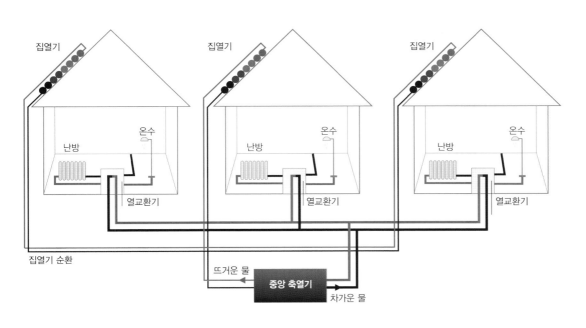

그림 3.23
근거리 열 공급의
단순 설명(Geitmann
2005, Quaschning
2009 참조하여 작성)

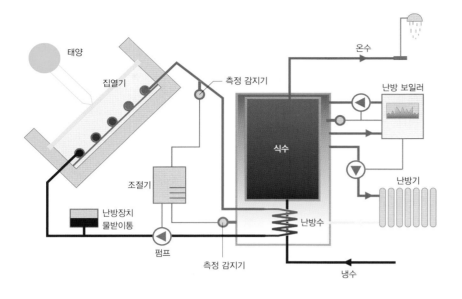

태양

집열기

측정 감지기

온수

난방 보일러

조절기

식수

난방기

난방장치
물받이통

난방수

펌프

측정 감지기

냉수

그림 3.24
태양열을 이용한 난방
보조 원리
(Quaschning 2009,
Watter 2009,
Wesselak/Schabbach
2009)

난방수 저장기와 통합되어 있는 콤비 저장기를 사용한다(Geitmann 2005, Quaschning 2009, 그림 3.24 참조). 이렇게 태양광선으로 온수열과 난방열을 생산할 수 있다(Schmidt 2002). 여름에는 대개 온수만 있어도 된다. 봄과 가을에도 열 수요는 비교적 적어서 태양광선 공급만으로도 충분해서 난방열을 태양열 설비로 충당할 수 있다(BINE 2001). 그러나 겨울에는 상황이 달라진다. 이때는 집열기 성능이 열 수요를 감당하기가 어려워진다. 그래서 저장기는 나무를 연소하는 난방 보일러 같은 것에 연계된다(Quaschning 2009).

급의 가장 효율적인 형태가 장기간 열 저장이 가능한 하나의 축열기에 태양열을 저장하는 것이다. 저장기의 크기가 엄청나게 크면 열 손실도 피할 수 있고 오랫동안, 그리고 겨울에도 열을 저장할 수 있게 된다.

중앙에 설치된 열교환기는 건물 지붕에 설치된 수많은 평면 집열기에 의해 물을 공급받는다. 집열기가 설치된 건물은 근거리 열망에 의해 열을 공급받는다. 사용된 평면 집열기는 효율이 80%에 이른다(Kaltschmitt et al. 2003). 이와 같은 열망에는 종종 열병합발전기도 설치되어 열뿐만 아니라 전기도 공급된다(Umweltdatenbank 2003).

태양열을 이용한 난방 보조

태양에너지는 건물 난방에도 이용될 수 있다. 대개 태양열 설비는 설치되어 있는 난방 설비를 지원한다. 건물 단열 상태와 관계없이 태양열 설비로 건물 난방비의 20~80%를 절약할 수 있다(Energiesparen im Haushalt 2007).

설치는 태양열 온수 가열기와 같다. 집열기와 저장기는 필요에 따라 크기와 용량을 결정해야 하고, 난방 순환계에 연계되어야만 한다. 주로 식수 저장기가

태양열을 이용한 냉기 생산

태양광선은 또한 냉각기로도 사용할 수 있다. 태양열을 이용한 에어컨은 여름에 대형 면적의 집열기 성능을 이용해야만 한다. 건물 냉방은 여름에 중요하다(Schmidt 2002). 흡수식 냉각장치의 도움으로 냉방을 할 수 있다.

흡수란 말은 기체를 액체 상태로 받아들인다는 것을 뜻한다. 예를 들면 탄산수병에는 이런 의미로 물에 이산화탄소가 흡수되어 있는 것이다(Quaschning 2009). 흡수식 냉각장치에는 마찬가지로 두 가지 물질이 혼합되어 있다. 용매와 냉각제인데, 냉각제는 용매를 통해 흡수될 수 있다. 흡수는 가역적이어서 이 두 물질로 순환과정을 만들어 낼 수 있다.

흡수식 냉각장치는 증발기, 응축기, 재생기, 흡수기 네 가지 요소로 구성되어 있다(그림 3.25). 증발기에서는 냉각제가 저온에서 끓어오른다. 증기화 과정에서 냉각제는 냉각 시스템에서 열을 끌어 온다(Schmidt 2002). 냉각제 증기는 흡수기에 도달하는데, 흡수기는 순환 과정에서 들어오는 냉각제 증기를 받아들이기 위해 열을 내보내야만 한다. 냉각제는 응축되고 용매와 섞이게 된다(Möller 2009). 펌프는 이 액체를 재생기로 수송하는 역할을 한다. 재생기에서 두 물질은 다시 분리된다. 두 물질이 서로 다른 끓는점을 갖고 있기 때문이다. 여기서 태양열 집열기가 기능을 하게 되

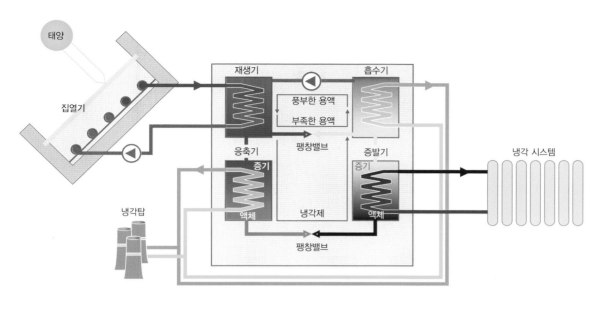

그림 3.25
흡수식 냉각장치의
원리(Quaschning 2009
참조하여 작성)

는데, 집열기의 열은 이 두 물질을 끓이기에 충분하다 (Quaschning 2009, Watter 2009).

냉각제 증기는 응축기로 들어가 냉각되어 다시 액체로 응축된다. 여기서 발생한 열은 사용 가능한 열로 활용되거나 냉각탑으로 배출된다. 냉각제는 소위 팽창밸브를 거쳐 증발기로 보내진다. 거기서 냉각제는 크게 냉각되고 처음부터 다시 순환하게 된다 (Quaschning 2009).

독일 시장 자료

태양열 집열기 시장에서 중국은 세계시장을 선도하고 있다. 유럽연합 내에서는 독일이 선도 주자이다 (Quaschning 2008). 독일에서 이 분야의 종사자 수와 매출량은 1998~2008년에 급속히 증가했다. 태양열은 점차로 일반 가정과 산업 영역에서 열 공급의 일정 부분을 담당하게 되었다. 재생에너지열법은 태양열 설비 확대를 꾸준히 추동하고 있다. 이 법은 신축 건물에서는 에너지의 일부를 반드시 태양열 에너지로 사용하도록 규정하고 있다. 이 법의 보장을 받아 기업들은 더 효율적인 설비를 생산하고 이런 종류의 재생가능에너지를 경쟁력 있게 만들 수 있게 되었다. 태

양열 에너지를 설치한 주택이 조만간 건축물의 표준이 될 수도 있다. 온수와 난방 에너지 수요는 50%까지 태양에너지로 충당할 수가 있다(표 3.2, Cleanthinking 2011b).

태양열 회사의 수	약 5000개
집열기, 저장기와 부속 장치 생산자 수	약 100명
설치된 용량	9GW
설치된 집열기 면적	약 1285만m²
태양열 설비의 수	1394 000개
종사자 수 1998/2008	4000/20 000명
매출(최종 소비자 매출) 1998/2008	2억 €/17억 €
이산화탄소 배출 절감 2009년	120만 톤

표 3.2
2009년, 독일 태양열
시장 자료
(Bundesverband
Solarwirtschaft e.V.
2010a 참조하여 작성)

3.3 태양광발전

태양광발전(PV) 개념은 태양광선을 전기에너지로 직접 변환하는 것을 말하며, 재생가능에너지 가운데 태양광선이 가장 다양하게 응용될 수 있음을 보여 준

그림 3.26
태양전지 에너지 변환
사슬(Kaltschmitt et al.
2003 참조하여 작성)

다. 가장 큰 장점은 모듈식 구조인데, 태양전지는 원하는 발전기의 크기에 따라 밀리와트에서 메가와트까지 구성될 수 있다(Watter 2009, Wesselak/Schabbach 2009).

태양광발전 효과는 1839년에 알렉상드르 에드몽 베크렐에 의해 발견되었고(Geitmann 2005), 1954년에 처음으로 효율 5%의 규소 태양전지가 개발되었다(Geitmann 2005, Watter 2009). 이 전지에 기초해서 4년 후에 최대 효율의 규소 태양전지가 미국 인공위성에 설치될 수 있었다. 물론 태양광발전 효과의 대대적인 성공은 당시에는 일어나지 않았다(Schmidt 2002). 하지만 현재 효율은 22%까지 이르게 되었다(Watter 2009, Wesselak/Schabbach 2009). 태양전지 가격은 지난 수십 년 사이에 엄청나게 싸졌다(Quaschning 2009). 1976년에 PV 모듈은 와트당 약 60달러였다. 그런데 약 30년 후인 2005년에 이 가격은 4달러까지 떨어졌다.

무엇보다 전 세계에서 생산되는 설비는 95%가 규소를 이용하고 있다(TST Photovoltaik 2011). 이 원료는 거의 고갈되지 않는 것인데, 규소(Si)는 지각에서 두번째로 흔한 원소이며 지각의 약 28%를 구성하고 있다. 산소가 46%로 가장 많다. 규소는 물론 대개 석영(SiO_2) 형태로 화학적으로 결합되어 있다(Press/Siever 1995, Markl 2004).

태양전지에서도 태양광선이 이용 가능한 2차 에너지인 '전기적 흐름'으로 바뀌는 것은 여러 단계를 거쳐 일어난다. 태양광선은 태양전지의 결정격자에 있는 전자를 움직여 전압이 형성될 수 있게 한다. 이어 인버터가 직류 전기를 교류 전기로 변환해 전력망에 흘러 들어갈 수 있도록 해 준다(그림 3.26).

밴드 모델, 내부 광전효과와 태양광발전 효과

원자는 원자핵과 음의 전기를 띠는 전자로 구성되는데, 전자는 원자핵 주위에서 움직이고 있다. 원자핵은 다시 양의 전기를 띤 양성자와 전기적으로 중성인 중성자로 구성되어 있다(Kaltschmitt et al. 2003, Quaschning 2009, Schwister 2009, Watter 2009). 전자는 원자핵으로부터 서로 다른 거리를 두고 모여 있으며, 이 때문에 서로 다른 에너지 준위를 갖는다. 파울리의 배타원리에 따라 두 개의 전자만이 같은 에너지 준위에 있을 수 있다(Kaltschmitt et al. 2003, Schwister 2009, Watter 2009). 원자의 여러 에너지 준위들이 중첩되면 이 준위들은 에너지 밴드로 확장된다(그림 3.27). 전자가 없는 밴드들은 에너지 갭으로, '금지된 밴드' 또는 '금지대'라 부른다(Schmidt 2002). 전자로 채워진 밴드를 '가전자대(밸런스 밴드)'라고 부른다. 전자 에너지가 높은 곳에 위치하며 비어 있거나 부분적으로 채워져 있는

그림 3.27
내부 광전 효과 – 밴드
모델(Quaschning
2009, Schwister 2009
참조하여 작성)

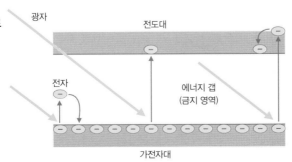

밴드는 '**전도대**'로 표시한다(Quaschning 2009, Schwister 2009). 전자가 가전자대에서 전도대로 도달하기 위해서는 에너지 갭을 뛰어넘는 데 필요한 에너지를 지녀야만 한다. 이 도약에 성공하면 전자는 움직이게 되고 전기가 흐른다. PV 셀 하나에서 전기를 만들어 내기 위해서는 가전자대의 전자들이 전도대로 뛰어올라와야만 한다. 전자는 이 도약에 필요한 에너지를 빛의 형태로 있는 전자기적 광선을 통해 받을 수 있다. 즉, 빛의 광자들에 들어가 있는 에너지가 전자들을 전도대로 올려 주는 것이다(Schmidt 2002).

전기 흐름이 잘 이루어지기 위해 결정적인 것은 밴드 사이의 거리와 전도대의 크기, 그리고 전도대 점유 상태이다. 규소와 같은 반도체는 가전자대에서 전도대로의 전자 도약이 이루어지는 데 필요한 전제 조건을 제공하며 이런 도약이 쉽게 이루어질 수 있게 적절한 밴드 사이의 거리를 유지하고 있다(Schmidt 2002).

빛에너지가 너무 낮으면 전자는 전도대에 도달할 수가 없다. 반대로 빛에너지가 너무 크면 전자가 전기가 너무 크게 도약했다가 전도대 경계 부분에서 다시 떨어져서 에너지를 잃어버리게 된다(Quaschning 2009, Schwister 2009). 가전자대의 전자가 전자대로 이동하는 과정을 통해서 가전자대에는 결손 전자 또는 정공이 발생한다. 일반적으로 항상 전자와 똑같은 수의 결손 전자가 생겨나서 결정격자에서는 균형이 이루어진다.

주입하기

규소(4가원소)로 된 결정격자는 네 개의 가전자를 보유하고 있는데 이 전자는 바깥 껍질에 존재한다. 전자를 안정적으로 배치하기 위해 결정격자에 있는 두 개의 전자는 각각 인근 원자와 전자쌍 결합을 하게 된다. 전자들은 이렇게 하여 두 원자에 의해 동시에 이용된다. 네 개의 인근 원자와 전자쌍 결합을 통해 안정적인 전자 배치가 이루어지게 된다. 그런데 이와 같은 결정격자에서의 균형을 통해서는 전자에 의한 전기 흐름이 불가능하다. 순수 규소는 전기가 흐르지 않는 물질, 즉 부도체이다. 전기 흐름을 가능하게 하기 위해서는 규소 결정격자 속으로 외부 원자를 추가적으로 집어넣어야 한다. 이 단계를 '**주입 과정**'이라 부른다(Schmidt 2002, Schwister 2009). 예를 들어 인과 같은 5가원소 물질을 주입하면 음의 전기가 많아져 전자 하나가 남게 된다. 이 과정을 n-주입 과정이라 표시하고, 주입 물질을 '**도너**'라 부른다. 알루미늄과 같은 3가원소를 주입하면 p-주입 과정이 되어 양의 전기가 많아지고 정공의 수가 많아진다. 이와 같은 물질을 '**억셉터**'라고 한다(Schmidt 2002, Schwister 2009). p-주입을 받은 반도체가 n-주입 반도체와 결합되면 **pn-접합**이 된다(그림 3.28). 남아도는 자유 전하체들이 접합 영역에 머무르게 된다. 이 접합 영역은 공간전하 영역 또는 차단층으로 표시된다(Kaltschmitt et al. 2003, Schwister 2009). 전자의 이동과 정공의 확산에 의해 p-영역의

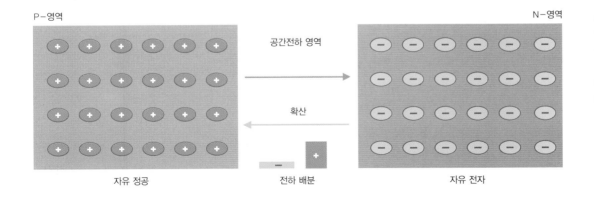

그림 3.28
공간전하 영역에서 전기장에 의한 정공과 전자의 확산
(Quaschning 2009, Schwister 2009 참조하여 작성)

공간전하 영역은 음 전기를 띠게 되고 n-영역에서는 양 전기를 띠게 된다. pn-접합의 이런 과정을 광전지 효과라고 부른다.

태양전지

규소로 된 광전지(PV) 셀은 단결정 규소로 되었는가, 다결정 규소로 되었는가에 따라 구분된다. 단결정에서는 원자가 전체 상하 좌우 모두 같은 방향으로 배열되어 있다. 다결정에서는 마주 보며 서로 상이하게 배열된 개별 결정 구역에서만 이런 배열이 이루어진다(Petry 2009). 단결정 셀과 다결정 셀은 거의 전적으

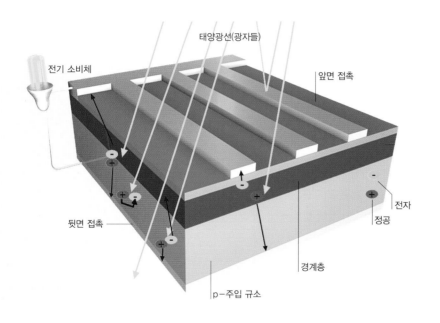

태양광선(광자들)
전기 소비체
앞면 접촉
전자
정공
뒷면 접촉
경계층
p-주입 규소

그림 3.29
결정 규소로 만들어진
전형적인 태양전지의
구조(Geitmann 2005,
Quaschning 2009
참조하여 작성)

로 대용량 영역에서만 이용된다. 개별 셀은 더 큰 모듈로 연결되고 20년 이상의 수명을 갖게 된다(Petry 2009, Watter 2009).

그 밖에 100마이크로미터(μm) 두께의 규소층으로 되어 있는 재래식 태양전지와 2μm밖에 안 되는 얇은 규소층으로 된 태양전지가 구분되어 존재한다. 비정질 규소(Si-a)로 된 셀은 소용량 영역, 예를 들어 소형 전자계산기나 손목시계 등에 쓰인다(Petry 2009, Watter 2009). 비정형 셀은 대개 비용이 적게 든다. 그렇지만 비정형 태양전지는 오래 쓰면 불안정해져서 작동

시간이 길어질수록 효율이 떨어지게 된다(Petry 2009, Watter 2009).

칼트슈미트 외(2006)에 따르면 결정 규소는 더 이상 태양전지에 이상적인 도체가 되지 못한다. 왜냐하면 결정 규소로 된 태양전지가 태양광선을 근사치로 완전히 흡수하기 위해서는 두꺼워져야만 하기 때문이다. 이렇게 규소 사용량이 늘어나면 비용도 올라가게 된다. 그럼에도 규소는 "이론적으로 가장 잘 알려져 있고 기술적으로도 가장 다루기 쉬운 반도체 물질"(Kaltschmitt et al. 2006: 213)이다. 그래서 박막셀과 같은 생산 방식을 통해 규소 사용량을 급격하게 감소하려 하고 있다(Qauschning 2008).

규소 말고도 태양전지를 생산하는 데 쓰이는 물질로는 카드뮴텔루라이드(CdTe), 구리인듐셀레늄(CIS), 구리인듐갈륨셀레늄(CIGS) 등이 있다(Quaschning 2009, Bührke / Wengenmayr 2007, Kaltsc-hmitt et al. 2006). 그러나 모든 태양전지의 90%에 규소가 이용되고 있다(Boxer 2011). 따라서 이 책에서는 규소 태양전지만 다룰 것이다.

태양전지의 구조

태양전지는 기본적으로 서로 다르게 주입된 두 개의 규소층으로 이루어져 있다. 앞면은 질산 규소층으로 되어 있는 반반사층으로 덮여 있다(그림 3.29). 뒷면에는 금속 접촉면이 있다. 앞면의 접촉 시스템은 손가락 모양을 하여 음영으로 인한 손실을 최소화하고자 한다(Quaschning 2009, Schwister 2009). 반반사층

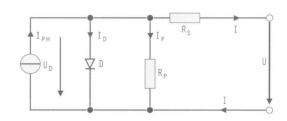

그림 3.30 태양전지의 대용 회로도(Quaschning 2009, Wesselak/Schabbach 2009 참조하여 작성)

은 태양전지가 짙은 청색을 띠게 한다(Kaltschmitt et al. 2003). 점차 붉은색처럼 다른 색깔의 반반사층을 지닌 PV 모듈도 나오고 있다. 이 모듈은 시각적으로 건물과 좀 더 일치를 이루는 것처럼 보이게 한다(Quaschning 2009).

가장자리 길이가 10~20cm인 태양전지는 단결정 규소나 다결정 규소로 만들어질 수 있다(Geitmann 2005, Quaschning 2009, Petry 2009). 광선을 쪼이지 않은 태양전지의 대용 회로도(그림 3.30)는 원리적으로 반도체다이오드 구조와 일치한다. 즉, 전류원(U_D)은 다이오드(D)에 병렬로 연결되어 있다.

태양전지가 위치한 실제 조건에서는 외부 접촉 시 전압강하가 일어나게 된다. 이 전압강하를 직렬 저항이라 부르고 Rs로 나타낸다(Quaschning 2009, Kaltschmitt et al. 2003). 질 좋은 태양전지에서는 이 저항이 전지의 성능에 조금도 영향을 미치지 않는다. 그 밖에 태양전지 가장자리에서는 틈새 전류의 흐름이 일어나게 된다(Kaltschmitt et al. 2003). 틈새 전류는 대용 회로도에서는 병렬 또는 분로저항 R_p로 표현된다(Quaschning 2009).

투입 광선 세기 [E]가 크고 따라서 셀 전류가 강할수록 셀 전압은 강해진다(그림 3.31). 전류와 전압의 곱셈을 전기 출력이라 정의하는데, 전류-전압 함수 곡선에는 최대 출력 지점이 있다. 이 점을 **최대 전력 점**(MPP)으로 나타낸다(Kaltschmitt et al. 2003, Wesselak/Schabbach 2009). MPP는 태양전지의 최대치를 뽑아낼 수 있도록 계산이나 그래프로 결정된다.

태양전지에서 가장 중요한 수는 물론 효율이다. 페트리(2009)에 따르면 효율은 전류-전압 함수 곡선이 직각 형태에 가까워질수록 높아진다고 한다. 현재 개별 단결정 규소 태양전지의 효율은 22% 정도이다(Watter 2009, Wesselak/Schabbach 2009). 모듈 하나에서 이 셀들은 19.3%에 이르고 있다. 다결정 태양전지는 개별 셀로 효율이 17.4%에 이르는 것으로 나타나고 있는데, 모듈에서는 15.2%에 이른다(Watter 2009,

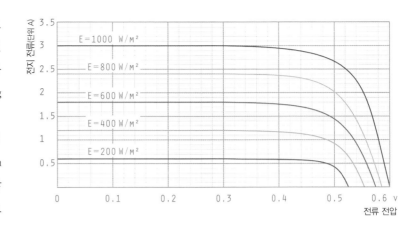

Wesselak/Schabbach 2009). 하나의 태양전지 셀과 태양전지 모듈의 효율은 사용된 규소-기초 물질, 주입 기술, 금속 접촉 시스템과 덮어씌운 반반사층에 따라 달라진다(Petry 2009).

박막 전지는 생산이 저렴하고 아주 약한 태양광 입사에도 단결정 전지나 다결정 전지에 비해 전기 변환을 더 많이 시킨다(Schott Solar AG 2010). 그 밖에도 결정 셀과 비교해서 물질 투입도 훨씬 적다고 한다. 또한 이들 결정 셀은 각각의 작동 온도에 따라서도 효율이 달라져, 여름날 고온에서 전지의 효율은 떨어진다. 이와 달리 박막 전지는 온도가 상승해도 효율이 변하지 않는다. 박막 전지 생산 과정에서 비결정 규소는 유리판 위로 분리되어 이 유리판을 각각의 요구에 따라,

그림 3.31
투입 광선 세기 [T]가 전기-전압 함수 곡선에 미치는 영향 (Petry 2009, Quaschning 2009, Watter 2009 참조하여 작성)

그림 3.32
비결정 규소로 된 박막 전지의 구조 (Quaschning 2009, Wesselak/Schabbach 2009 참조하여 작성)

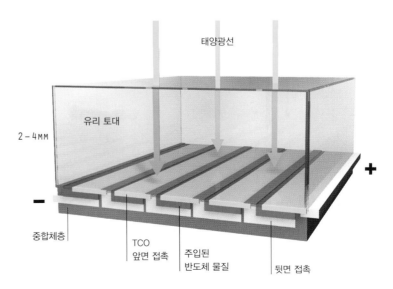

전지 형태	효율(실험실)	효율(대량생산)
단결정 규소	24.7%	18~22%
다결정 규소	20.3%	14.5~17.4%
밴드 연결 규소	19.7%	14%
비정질 규소(Si-a)	12.1%	6.8~10.5%
카드뮴텔루라이드(CdTe)	16.5%	11.2%
구리인듐셀레늄(CIS)	20%	12%
구리인듐갈륨셀레늄(CIGS)	19.5%	11.6%

표 3.3
전지 기술과 평균
전지 효율(Quaschning
2009, Kaltschmitt et al.
2006, Solarintegration
2010 참조하여 작성)

또는 지붕 형태에 따라 맞출 수 있다(Schott Solar AG 2010). 흔히 이 유리판은 건물 표면에 합체된 형태로 설치되기도 한다.

그럼에도 결정 규소 셀은 높은 효율을 보이기 때문에(표 3.3) 박막 전지 모듈이 똑같은 양의 에너지를 얻기 위해서는 더 많은 면적이 필요하다(Schott Solar AG 2010).

태양전지 모듈

태양전지 셀 하나의 전기 출력은 1~1.5W이다(Flimpex 2011). 휴대용 전자계산기나 손목시계 같은 용도에는 이것으로도 충분하다(Petry 2009, Wesselak/Schabbach 2009). 그러나 전체 주택에 전기를 공급하

자면 여러 태양전지 셀을 하나의 태양전지 모듈로 연결해야만 한다. 배터리 시스템에 가장 적절한 태양전지 셀의 수는 크바슈닝(2009)에 따르면 32~40개라고 한다. 넓은 면적의 설비에 들어가는 태양전지 모듈은 태양전지 셀을 100개까지 연결해 만들 수 있다(Petry 2009, Wesselak/Schabbach 2009). 예를 들어 지붕에 설치하는 것과 같은 일반적인 용도의 태양전지 모듈의 용량은 대개 50W이다(Kaltschmitt et al. 2003, Petry 2009, Wesselak/Schabbach 2009).

태양전지 모듈은 샌드위치를 만드는 것과 비슷한 방식으로 만들어진다. 그림 3.33은 결정으로 만들어진 태양전지의 구조를 보여 준다. 앞면을 덮고 있는 것은 대개 철 함유량이 적은 유리지만, 뒷면은 유리나 플라스틱 소재로 덮여 있다(Quaschning 2009, Wesselak/Schabbach 2009). 태양전지는 이 두 개의 덮개 사이에서 합성 소재로 다시 한 번 씌워 있다. 일반적으로 에틸렌 비닐 아세테이트(EVA)를 사용해 표층처리를 한다. 유리가 깨지지 않고 쉽게 조립할 수 있도록 모듈은 부식 저항성이 있는 틀로 테를 두르게 된다(Petry 2009, Quaschning 2009, Wesselak/Schabbach 2009). 이렇게 해서 태양전지 모듈은 습기도 막고 영하 40℃에서 영상 80℃와 같은 극한 온도에서도 견딜 수 있어 수명이 20~30년간 유지된다(Kaltschmitt et al. 2003,

그림 3.33
결정형 태양전지로
구성된 태양전지
모듈의 구조
(Quaschning 2009,
Wesselak/Schabbach
2009 참조하여 작성)

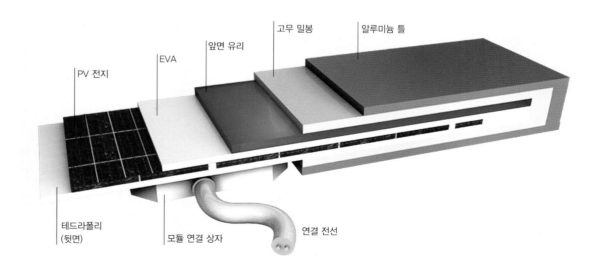

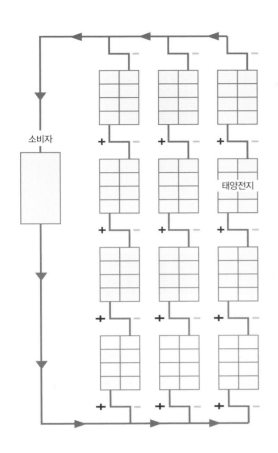

그림 3.34 결합된 직렬, 병렬 연결(Wesselak/Schabbach 2009 참조하여 작성)

그림 3.35 결정 규소로 된 태양전지(출처: iStockphoto 2009, Maciej Noskowski)

그림 3.36 태양광 단지 회루프에 설치된 박막 전지 모듈(출처: Conergy 2009)

Petry 2009, Wesselak/Schabbach 2009). 이러한 태양전지 모듈을 여러 개 연결한 것을 태양광발전기라고 부른다(Petry 2009, Watter 2009). 모듈 하나에 들어 있는 태양전지들은 직렬 또는 병렬로 연결할 수 있다. 태양전지 모듈의 최대 성능은 직렬과 병렬을 조합하여 연결했을 때 나오게 된다(그림 3.34)

이런 식으로 넓은 면적의 PV 모듈을 태양 전기 생산에 이용할 수 있다. 결정뿐만 아니라 박막 전지 모듈도 여기에 사용된다(그림 3.35, 그림 3.36).

인버터

태양광발전기와 배터리 저장기는 기본적으로 직류 전압을 발생시킨다. 그런데 공공 전기 공급 직류 전기를 230볼트와 50헤르츠의 교류로 변환하기 위해

그림 3.37
인버터 'Sunny Boy
5000TL'(출처: SMA
Solar Technology AG
2010 anyMOTION)

서는 인버터(그림 3.37)가 사용된다(Petry 2009, Watter 2009). "태양광발전 설비에 쓰이는 인버터 용량은 몇 와트에서 수백 킬로와트에 이른다.…"(Kaltschmitt et al. 2003: 228). 인버터는 태양광발전 설비와 교류 전력망 사이의 연결고리이다. 인버터 시장의 세계적 선도자는 독일 카셀에 있는 주식회사 SMA Solar Technology이다.

태양광발전소

태양광발전 설비는 지붕이나 건물 전면에만 설치하는 것은 아니다. 수많은 건물에 전기를 공급하기 위해 넓은 공터에 태양광발전 설비를 설치할 때도 있다. 이렇게 넓은 공터에 설치된 태양광발전 설비는 최대 1만 5000가구에 전기를 공급할 수 있다(Klima Wandel 2009). 독일에 설치된 이런 최대 발전 설비는 브란덴부르크 주 태양발전 단지 리베로제에 설치되어 있는데, 용량이 약 53MW이고 면적은 축구장 210개를 합쳐 놓은 것보다 크다(표 3.4 참조). 독일에서 가장 큰 태양광발전 단지는 바이에른 주의 슈트라세키르헨으로, 용량은 54MW이다. 슈트라세키르헨 태양광발전 단지는 세계에서 두 번째로 크다(SolarPrinz 2010).

태양광발전 설비에 대해 재생가능에너지법이 갖는 의미

2011년 7월 초에 연방정부는 2000년, 2004년, 2009년도 법에 근거하여 새로이 개정된 재생가능에너지법을 놓고 논쟁을 벌였다. 새로운 법에 따르면 재생가능에너지의 비중을 2020년까지 현재의 16.1%에서 적어도 30%까지 증가시켜야만 한다. 전력망 업자들은 재생가능에너지법 9조에 따라 재생가능에너지로 생산된 전기를 다른 전기보다 앞서서 구매해야 하고 이를 판매할 의무를 지닌다. 태양광발전 설비 운영자는 자신이 생산한 전기를 공공 전력망으로 보낼 수도 있게 됐다. 전기를 전력망에 보내서 판매하는 것은 설비의 설치와 용량에 달려 있다. 20년 동안 전기 판매 금액을 받을 수 있는데, 중요한 것은 실제 가동에 들어간 때가 언제냐이다. 가동된 해에 근거해서 전기 구매가가 결정되고 이것이 20년 동안 유지되기 때문

용량	약 53MW
대지 면적	162ha(약 50만m²)
모듈 면적	약 70만 박막 전지 모듈
연간 전기 공급	5300만 kWh
CO₂ 절감	연간 약 3만 5000톤
투자 비용	1억 6000만 € 이상

표 3.4 브란덴부르크 주 리베로제 태양광발전 단지 자료
(Klima Wandel 2009 참조하여 작성)

연도	0~30kW	30~100kW	100kW 이상
2004	0.4570 €	0.4570 €	0.4570 €
2005	0.4342 €	0.4342 €	0.4342 €
2006	0.4059 €	0.4059 €	0.4059 €
2007	0.3795 €	0.3795 €	0.3795 €
2008	0.3549 €	0.3549 €	0.3549 €
2009	0.3194 €	0.3194 €	0.3194 €
2010	0.2843 €	0.2843 €	0.2843 €

표 3.5 지붕에 설치된 태양광발전 설비에 대한 구매가
(Solar Plan 2011 참조하여 작성)

그림 3.38 라이프치히에 있는 태양광발전소 발트폴렌츠
(Juwi Holding AG 2011)

이다. 2004년부터 전기 구매가는 지속적으로 내려가고 있다. 2004년부터 2010년까지 가격 하락은 평균 30%가 넘는다. EEG에 포함된 구매가의 감소로 이 산업 분야의 혁신 잠재력이 유지되어야만 한다(표 3.5). 다음 표에서 공터에 설치된 태양광발전 설비의 구매가를 요약해 두었다(표 3.6).

공터(나대지)에 설치한 태양광발전 설비의 구매가에 대한 조항은 용량과는 관계없도록 되어 있다. 여기서도 2004년에서 2010년 6월 30일까지 약 37.8%로 구매가가 감소한 것을 분명히 볼 수 있다.

재생가능에너지법은 그동안 여러 차례 개정되었

연도	0~30kW	30~100kW	100~1000kW	1000kW 이상
2004	0.5740 €	0.5460 €	0.5400 €	
2005	0.5453 €	0.5187 €	0.5153 €	
2006	0.5180 €	0.4928 €	0.4874 €	
2007	0.4921 €	0.4681 €	0.4630 €	
2008	0.4675 €	0.4447 €	0.4398 €	
2009	0.4301 €	0.4091 €	0.3958 €	
2010.6.30까지	0.3914 €	0.3723 €	0.3523 €	
2010.7.1부터	0.3405 €	0.3239 €	0.3065 €	0.2555 €
2010.10.1부터	0.3303 €	0.3142 €	0.2973 €	0.2479 €

표 3.6 공터에 설치한 태양광발전 설비에 대한 구매가
(Solar Plan 2011 참조하여 작성)

책정 기간에 설치된 용량	최종 감소율 %	지붕에 설치된 설비				공터에 설치된 설비		
		30kW까지	30kW부터	100kW부터	1000kW부터	공터에 설치된 설비	전환 용지 설비	농업 용지
		2010년 7월 1일부터 가동				2010년 7월 1일부터 가동		
		0.3405 €	0.3239 €	0.3065 €	0.2555 €	0.2502 €	0.2615 €	0.2843 €
		2010년 10월 1일부터 가동				2010년 10월 1일부터 가동		
		0.3303 €	0.3142 €	0.2973 €	0.2479 €	0.2426 €	0.2537 €	0.2843 €
		2011년 1월 1일부터 가동				2011년 1월 1일부터 가동		
		0.2874 €	0.2733 €	0.2586 €	0.2156 €	0.2111 €	0.2207 €	–
		2012년 12월 1일부터 가동				2012년 12월 1일부터 가동		
<1500MW	1.5%	0.2831 €	0.2692 €	0.2547 €	0.2124 €	0.2079 €	0.2174 €	–
<2000MW	4%	0.2759 €	0.2624 €	0.2483 €	0.2070 €	0.2027 €	0.2119 €	–
<2500MW	6.5%	0.2687 €	0.2555 €	0.2418 €	0.2016 €	0.1974 €	0.2064 €	–
<3500MW	9%	0.2615 €	0.2487 €	0.2353 €	0.1962 €	0.1921 €	0.2008 €	–
<4500MW	12%	0.2529 €	0.2405 €	0.2276 €	0.1897 €	0.1858 €	0.1942 €	–
<5500MW	15%	0.2443 €	0.2323 €	0.2198 €	0.1833 €	0.1794 €	0.1876 €	–
<6500MW	18%	0.2357 €	0.2241 €	0.2121 €	0.1768 €	0.1731 €	0.1810 €	–
<7500MW	21%	0.2270 €	0.2159 €	0.2043 €	0.1703 €	0.1668 €	0.1744 €	–
>7500MW	24%	0.2184 €	0.2077 €	0.1965 €	0.1639 €	0.1604 €	0.1677 €	–

표 3.7 2010년 7월 1일부터 2012년까지 독일의 태양광 전기 구매가 변화(kWh당 유로) (BMU 2011, Siemer 2010, Solarplan 2011, BJ 2010, BMU 2010d 참조하여 작성)

다. 표 3.7에서 2012년까지 변화된 내용을 요약해 두었다. 구매가를 2011년 이전 시기에 맞추는 일은 2011년에는 없었다. 왜냐하면 2011년 5월까지 태양광발전 설비 확대가 법 테두리 안에 있었기 때문이다(700MW). 지난 12개월 동안 설치된 총설비량은 2800MW로, 법으로 확정한 한계치인 3500MW보다는 적었던 것이다. 다음 구매가 축소는 2011년에서 2012년으로 넘어가는 시기에 이루어진다. 2013년에 적용되는 규칙은 이 책이 인쇄되는 시점까지 결정되지 않았다(표 3.7)

PV 설비의 경제성

과연 태양광발전 설비에 투자할 가치가 있을까? 그 래서 아래에 여러 가지 사례를 통한 계산을 보여 줄 것이다. 이는 기본적으로 베름(2010)의 모델을 따른다. 첫 번째 계산은 2009년 구매가를 토대로 한 것이다. 그다음 세 가지는 다양한 미래 시나리오에 근거한 계산 사례들이다. 이 미래 시나리오는 서로 다른 변수들, 예를 들면 계속 하락하는 EEG 구매가 또는 떨어지는 모듈 가격을 고려하였다. 마이네 솔라사(2010)에서 행한 여론 조사는 태양광발전 설비 가격이 2008년보다 약 20% 하락한 2009년부터 계속해서 연간 약 10%씩 떨어질 것임을 보여 주었다.

	1998	1999	2000	2001	2002	2003	2004	2005	2006	2007	2008	2009
전기 요금 유로	49.95	48.20	40.66	41.76	46.99	50.14	52.38	54.43	56.76	60.20	63.15	67.70
전해와 비교한 % 변동		−3.50	−15.64	2.71	12.52	6.70	4.47	3.91	4.11	6.06	4.90	7.21
2001~2007년 % 가격 상승 산술 평균							5.84					
1998~2007년 % 가격 상승 산술 평균						3.04						
전기 요금 구성												
부가세 €	6.90	6.65	5.60	5.75	6.48	6.92	7.23	7.51	7.83	9.48	10.08	10.81
면허세* €	5.22	5.22	5.22	5.22	5.22	5.22	5.22	5.22	5.22	5.22	5.22	5.22
열병합발전법** €	0	0	0.38	0.58	0.73	0.96	0.91	0.99	0.99	0.85	0.55	0.67
재생가능에너지법(EEG)*** €	0.23	0.28	0.58	0.67	1.02	0.23	1.49	2.01	2.22	2.33	3.38	3.50
전기세(환경세) €	0	2.25	3.73	4.46	5.22	5.97	5.97	5.97	5.97	5.97	5.97	5.97
전기 생산, 수송과 판매 €	37.60	33.80	25.15	25.08	28.32	29.84	31.56	32.73	34.53	35.53	37.95	41.53

기준 : 연간 3500kWh 평균적인 전기 소비(심야 요금 포함 없음) * 지역별로 차이가 큼: 2002년부터 지자체 규모에 따라 kWh당 1.32~2.39ct
**2002년부터 새로운 열병합발전법에 따라 과세   ***2000년까지: 전기 구매법

표 3.16. 3인 모델 가구 한 달 평균 전기 요금 계산서에 기초한 전기 가격의 % 상승 조사
(BDEW 2007, BDEW 2009, VDEW 2007 참조하여 계산)

이르렀다(Wicht Technologie Consulting 2007). 여전히 규소 전지의 시장 점유율이 가장 높지만(그림 3.39) 다결정 전지가 단결정 전지보다 시장 점유율이 높다. 물론 2004년 이후로 카드뮴텔루라이드(CdTe), 비정질형 규소나 구리인듐갈륨셀레늄(CIGS)과 같은 기술들이 점차 상승세를 타고 있다. 여기에는 무엇보다 저렴한 생산 공정과 효율 상승이 있다. 이들 신기술의 단점은 무엇보다 무한정한 규소와 달리 텔루륨이나 인듐 같은 원료를 제한적으로만 이용할 수 있다는 것이다(Energywatchgroup 2010, Solarenergieförderverein 2004).

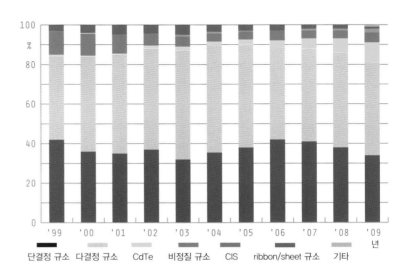

그림 3.39 다양한 태양전지 기술의 시장 점유율(Photon 2011c 참조하여 작성)

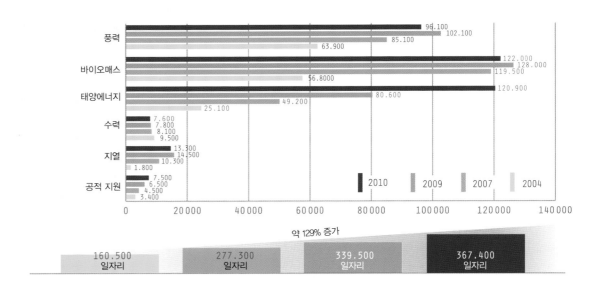

그림 3.40
독일 재생가능에너지
분야 종사자 총수의
변화. 2009년과
2010년 자료는 추정
자료이며, 반올림으로
총수가 약간 다를 수
있다(출처: O'sullivan et
al. 2011, 2011년 3월
현재, 그림: BMU).

태양광발전 설비에 대한 엄청난 수요 덕분에 지난 몇 해 동안 태양에너지 분야 종사자들의 수가 현저하게 증가했다(그림 3.40). 태양에너지 분야 종사자는 6년 동안 2만 5100명에서 12만 900명으로, 거의 4.8배 늘었다(BMU 2011).

태양광발전 회사 수	약 10000
이중 전지, 모듈 및 구성 부품 생산	약 200
설치 용량(2009년 현재)	9.78 GW
태양광발전 전기 생산(2009년 현재)	6400GWh
태양광발전 설비(2009년 현재)	430000 이상
종사자 수 1998/2008	1500/60000
수출 비중(2008년 현재)	50%
산업과 납품업체 매출 2000/2008	2억 € /115억 €
CO_2 감축	250만 톤

표 3.17 독일 시장 자료
(Bundesverband Solarwirtschaft e.V. 2010b 참조하여 작성)

미래 전망

유럽태양광발전산업연합(EPIA) 연구 보고서인 'SET For 2020'에 따르면 태양광발전은 성장이 가장 빠른 에너지 기술이다(EPIA 2009). 비용은 다른 전기원에 비해 빠르게 줄어들고 있다. EPIA에 따르면 2020년 태양광발전의 경쟁 가능성은 75%까지 유럽 전기 시장에 있을 것이라고 한다.

나비간트컨설팅(Navigant Consulting)사의 연구에 따르면 아시아 시장이 태양광발전의 최대 잠재 시장이라고 한다. 이에 따르면 아시아에서 현재의 200MW 용량이 2200MW까지 올라갈 것이라고 한다. 또한 일본이 앞으로 태양광발전 설비의 80%를 소유해 아시아에서 선두를 유지할 것이라고 가정하고 있다(Navigant Consulting 2007). 독일 솔라월드사는 최대 생산자 목록에서 9위를 기록하여 전 세계 태양전지 모듈 생산자 순위 목록에서 5등 안에 들었다(표 3.18).

하지만 아시아 회사들이 전 세계 태양전지 모듈 생산의 대부분을 차지하고 있음을 알 수 있다(표 3.19). 중국, 타이완과 일본이 전체 태양전지 생산의 77%를 점유하고 있다.

박막 전지 생산자 목록에서는 이와 다른 분포를 보인다(표 3.20). 인상적인 것은 퍼스트 솔라사가 박막

세계 5대 태양전지 모듈 회사 2009	지역	생산 2008 MW	생산 2009 MW	주가 백만 유로
First Solar	미국	504.0	1100.0	8200
Suntech Power	중국	497.6	704.0	1000
Sharp	일본	581.6	595.0	–
Q–Cells	독일	281.5	525.3	657
Yingli Solar	중국	300.0	520.0	1300

표 3.18 전 세계 태양전지 모듈 생산자 순위
(IT Times 2010 참조하여 작성)

기업	지역	생산 2010
Suntech Power	중국	1585 MW
JA Solar	중국	1463 MW
First Solar	미국	1412 MW
Yingli	중국	1060 MW
Trina Solar	중국	1050 MW
Q–Cells	독일	1014 MW
Motech	타이완	945 MW
Sharp	일본	910 MW
Gintech	타이완	827 MW
Kyocera	일본	650 MW

표 3.19 2010년 10대 결정(단결정과 다결정) 전지 생산자
(Photon 2011a 참조하여 작성)

기업	지역	생산 2010	기술
First Solar	미국	1411.5MW	CdTe
Sharp	일본	200MW	a–Si/ µc–Si
United Solar Ovonic	미국	150 MW	a–Si
Trony	중국	145.8 MW	a–Si
Solibro(Q–Cells)	독일	75 MW	CIS, CdTe
Solar Frontier	일본	74 MW	CIS
Solyndra	미국	68 MW	CIS
Kaneka	일본	58 MW	a–Si, a–Si/ µc–Si
Global Solar	미국	55 MW	CIS
Mitsubishi Heavy Ind.	일본	50 MW	a–Si, a–Si/ µc–Si
Moser Baer	인도	50 MW	a–Si

표 3.20 전 세계 10대 박막 전지 생산자
(Photon 2011b 참조하여 작성)

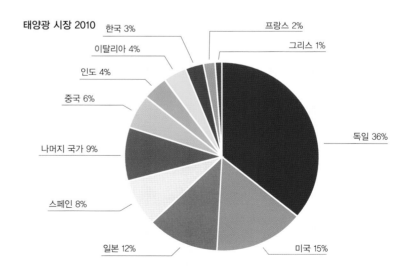

태양광 시장 2010

한국 3%
이탈리아 4%
인도 4%
중국 6%
나머지 국가 9%
스페인 8%
일본 12%
미국 15%
독일 36%
프랑스 2%
그리스 1%

▶ 그림 3.41 2010년도 전 세계 태양광발전 시장 – 10대 주요 태양광 전기 시장(Navigant Consulting 2007) (Navigant Consulting 2007 참조하여 작성)

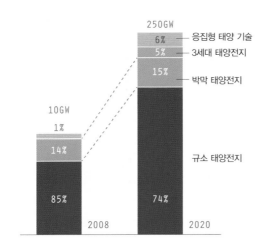

그림 3.42
2020년까지
태양광에너지 성장
예측(Frost/Sullivan
2009 참조하여 작성)

전지 생산자들 중에서 2010년에 총생산 1411.5MW를 기록, 나머지 선두 기업들의 총생산보다 더 많은 양을 생산한 점이다. 아시아 국가 생산자들은 10개 생산자 중에서 6개를 차지해 전 세계적으로 최대 박막 전지 생산자로 떠올랐다.

프로스트/설리반(2009)의 '유럽 자동차 산업에서의 태양 기술 응용' 연구에 따르면 태양광 시장과 설치 용량은 2008년과 비교해서 2020년에는 25배 성장할 것이라고 한다. 이 연구는, 반대로 최신의 태양 기술에 들어가는 비용은 50% 줄어들 것이고 새로운 생산품 역시 경쟁 가능성이 있는 것으로 보았다(그림 3.42). 이 밖에 이 연구는 다결정 규소 전지가 앞으로도 시장에서 가장 큰 위치를 차지할 것이라는 결론에 도달하였다.

프로스트/설리반에 따르면 2020년에 PV 전지의 효율은 25%에 이를 것이라고 한다. 박막 태양전지는 현재까지의 시장 수준을 손쉽게 높일 수 있을 것으로 보았다. 효율은 16%까지 향상될 것으로 예측하고 있다. 현재 박막 전지 효율은 12%에 이른다. 이 밖에 제3세대 태양전지가 2020년까지 개발 초기 단계에 도달할 것이며, 부분적으로는 시장에 나올 수도 있을 것으로 보았다(Frost/Sullivan 2009). 모듈 비용은 생산 증가에 따라 감소할 수 있다. 크바슈닝(2008)에 따르면 2020년의 시장 가격은 와트당 1달러 미만이 될 것이라고 한다.

표 3.21
태양에너지의 장점과
단점

장점	연구/출처
원료에 종속되지 않는다.	"재생가능에너지 분야 확대 시나리오에 따른 독일 전기 공급 시뮬레이션" (2009), IWES
일자리가 창출된다.	BMU
CO_2 배출이 감축된다.	"2050년까지 100% 재생 가능 전기 공급: 기후 보호 가능, 확실하고 지불 가능"(2010), SRU
주민 수용성이 높다.	Agentur für Erneuerbare Energien/Forsa
경쟁 가능성과 시장 투명성이 높다.	Bundesverband Solarwirtschaft e.V.
단점	연구/출처
입사량의 지역적 차이가 크다.	"재생가능에너지 시스템"(2009), Quaschning
전력망 조절 가능성이 없고 안정성이 없다.	"2050년까지 100% 재생 가능 전기 공급: 기후 보호 가능, 확실하고 지불 가능"(2010), SRU
정부 지원금에 의존한다.	BMBF 2011

| 결론

태양은 엄청난 발전소이다. 물론 태양에너지가 일정하게 지구에 도달하는 것은 아니다. 밤이나 구름이 낀 날에는 태양전지로 전기를 생산할 수가 없다. 날씨, 그리고 이로 인한 단기간의 태양 전기 잉여는 전통적인 발전소를 언제나 가동하도록 할 수가 없다. 저장 시스템 없이는 이런 태양 전기 잉여분은 에너지 공급에 투입할 수 없다. 그럼에도 태양열과 무엇보다 태양광발전 영역의 잠재력은 아주 높다. 설치된 용량을 보면 태양에너지는 가장 빠르게 성장하는 재생에너지원임을 알 수 있다.

독일환경청(UBA)의 '2050: 100%-에너지 목표 2050: 100% 재생에너지원으로 전기를' 연구에 따르면 태양광발전은 275GW로 모든 재생에너지원에서 이론적으로나 생태적으로 최대의 잠재량을 갖고 있다. 지금까지 태양광발전 시스템은 석탄 발전에 비하면 아직은 경쟁력이 떨어진다. 이는 무엇보다 필요로 하는 품질의 규소가 아주 비싸기 때문이다. 따라서 규소를 덜 사용하거나 완전히 다른 반도체 물질을 필요로 하는 다른 공정과 태양전지 효율을 높이는 방법에 기대

를 걸고 있다(BMBF 2011). 이것이 실질적으로 이루어지려면 좀 더 기다려야 할 것이다. 또한 새로운 전력망 인프라 확대도 고려해야만 한다(2.5 '지능형 전력망-스마트그리드' 참조). 'dena-전력망 연구 II'(DENA 2010)에 따르면 전기와 난방에 필요한 원료 가격은 꾸준히 상승하기 때문에 태양에너지에 긍정적인 영향을 미칠 것이라고 한다. 그린피스의 '기후 보호: 플랜 B 2050'(Greenpeace 2009) 연구에 따르면 태양 기술 분야에서 앞으로 몇 년간 기술 향상이 일어나고 생산 가격이 낮아지게 되면서 지속적인 성장을 기대할 수 있을 것이라고 한다. 독일의 전국 태양경제연맹에 따르면 태양광발전은 이미 2013년에 네츠패리티, 즉 태양광발전 설비의 전기 생산 비용이 전통적인 화석 시스템의 비용에 맞먹는 단계에 도달했다고 한다.

그럼에도 이 두 기술은 지원 프로그램에 상응하는 법과 구매 없이는 성장이 줄어들 것이라는 점을 지적할 수 있다. 독일 환경문제전문위원회는 '2050년까지 100% 재생 가능 전기 공급: 기후 보호 가능, 확실하고 지불 가능'이라는 제목의 보고서에서 태양광발전의 전기 생산 비용이 아직 너무 높으며 법에 근거한 지원책에 전적으로 의존할 수밖에 없다고 서술하고 있다(Sachverständigenrat für Umweltfragen 2010).

태양열 부문에 유용한 사이트
– 전문 잡지

▶ 'IKZENERGY' 인터넷 사이트: 에너지 효율화와 재생가능에너지 전문 잡지로 재생가능에너지 이용 및 응용, 재생가능에너지 생산에 관한 정보를 제공한다. 건물 설비 전문 계획가, 전기 기술자, 설비 시공 전문 기술자(난방, 태양 설비 설치자, 전기공)들을 독자로 삼고 있다. 이 잡지에는 태양열, 태양광발전, 지열과 바이오연료, 풍력과 수력에 관한 정보가 담겨 있다.

www.ikz-energy.de/heft-abo.html

▶ neue energie 인터넷 사이트: 재생가능에너지에 관한 잡지. 전문 잡지 〈neue energie〉는 전국풍력에너지연합(BWE)에서 발간한다.

www.neueenergie.net

▶ Sonne, Wind & Wärme: 재생가능에너지 업체 잡지.

www.sonnewindwaerme.de

태양광발전 부문에 유용한 사이트
– 전문 잡지

▶ 'get-green energy technology' 인터넷 사이트: 이 전문 잡지는 모든 형태의 재생에너지를 이용한 에너지 생산에 필요한 최신 기술, 공정 및 시스템 구성들에 대한 정보를 제공한다. 개발자나 설비 디자이너를 독자로 겨냥하고 있다. 재생에너지 설비 계획, 건축 및 가동에 필요한 중요 정보들이 담겨 있다.

www.mi-verlag.de/get-green-energy-technology

www.konstruktion.de/get-magazin/

▶ 'IKZENERGY' 인터넷 사이트: 에너지 효율화와 재생가능에너지 전문 잡지로 재생에너지 이용 및 응용, 재생에너지 생산에 관한 정보를 제공한다. 건물 설비 전문 계획가, 전기 기술자, 설비 시공 전문 기술자(난방, 태양 설비 설치자, 전기공)들을 독자로 겨냥하고 있다. 이 잡지에는 태양열, 태양광발전, 지열과 바이오연료, 풍력과 수력에 관한 정보가 담겨 있다.

www.ikz-energy.de/heft-abo.html

▶ 'joule-Das Fachmagazin für Agrarenergie, Technik, Politik und Wirtschaft(농업에너지, 기술, 정책과 경제)': 독일 농경제출판사(Deutsche Land-

wirtschaftsverlag GmbH)에서 발간하며 바이오가스, 태양, 풍력과 바이오연료 주제를 다룬다. 업계 관련 종사자, 기업가와 중소기업, 공방, 지자체 책임자들을 독자로 겨냥하고 있다.

joule.agrarheute.com/joule-aktuelles-heft

▶ neue energie 인터넷 사이트: 재생가능에너지에 관한 잡지. 전문 잡지 〈neue energie〉는 전국풍력에너지연합(BWE)에서 발간한다.

www.neueenergie.net

▶ 'Photon-das Solarstrommagazin' 인터넷 사이트

www.photon.de

▶ 'Photon International- The Solar Power Magazin' 인터넷 사이트

www.photon-magazine.com/

▶ 'photovoltaik-das Magazin für Profis' 인터넷 사이트

www.photovoltaik.eu/

▶ Sonne, Wind & Wärme 인터넷 사이트: 재생가능에너지 업체 잡지.

www.sonnewindwaerme.de

▶ 'EMobile plus solar Zeitschrift für Elektrofahrzeuge und solare Mobilität e.V.'의 인터넷 사이트: 전국 태양 이동 연맹(bsm) 공식 잡지.

www.solarmobil.de/zeitschri

4
풍력

풍력 또는 풍력에너지는 이미 수백 년 전부터 펌프와 물레방아를 돌리기 위해 쓰였다. 펌프로 농업에 쓸 물을 끌어 올리거나 물을 빼는 데 썼고 기원전 7세기에 이미 페르시아 지역에서는 곡식을 빻기 위해서 풍차를 이용했다. 물론 이때의 풍차는 수직으로 놓인 회전축을 갖고 있었다. 수평으로 된 축을 지닌 풍차가 처음으로 등장한 것은 11세기 영국 남동쪽과 노르망디에서였다(Bundesverband Windenergie 2010a, Lohrmann 1995, Petry 2009, Quaschning 2009).

12세기부터 유럽과 독일에서도 풍차가 중요해지기 시작했다. 초기에는 풍차를 돌리기 위해서 제분소 건물 전체가 바람을 따라 돌아야 했다. 16세기가 되어서야 네덜란드인들이 풍차가 달린 지붕만 바람에 따라 돌도록 구조를 바꾸는 데 성공하였다. 이것은 풍차가 기술적으로 큰 발전을 이룬 것이었다.

그림 4.1
프리슬란트
그리트질에 있는
네덜란드 풍차
(출처: iStockphoto 2011,
Kemter)

그림 4.2
옛날 풍차
(출처: iStockphoto
2009, Val Bakhtin)

네덜란드 풍차는 곧바로 네덜란드 외의 다른 지역에서도 볼 수 있게 되었다. **그림 4.1**은 여전히 옛날 네덜란드 풍차로 작동하는 프리슬란트 그리트질에 있는 회랑형 네덜란드 풍차이다. 이것은 돌아다닐 수 있는 회랑에서 제분소 주인이 날개를 직접 만지며 보수할 수가 있었다. 그래서 이 같은 풍차를 회랑형 풍차라고 부르게 되었다.

19세기 중반까지 이런 형태의 '풍력 설비'가 유럽 전체에 약 20만 개, 독일에만도 약 1만 개가 있었다. 그러나 20세기 초에 증기기관이 도입되면서 대부분의 풍차가 종말을 고했다(Petry 2009, Quaschning 2009, Lohrmann 1995).

1891년에 덴마크인 포울 라 쿠르가 처음으로 풍력 설비를 이용해 발전기를 돌려 전기와 수소를 만들었다. 그는 수소를 학교 조명에 이용했는데, 수소를 에너지 저장기로 이용할 수 있는 방법을 발견했던 것이다(Quaschning 2009, Tacke 2003).

현대의 풍력 설비는 내륙 풍력 설비와 해상 풍력 설비로 구분된다. 내륙 설비란 육지에 설치된 것을 말하고, 해상 설비는 바다에 설치된 것을 말한다(Kaltschmitt et al. 2003, Petry 2009).

처음에 독일에서는 육지에 설치된 풍력 설비만을 중요시했다. 1990년대에 점차 풍력 설비에 대한 수요가 증가하면서 최적의 설치 장소를 찾기 시작했다. 그곳은 두말할 것도 없이 육지가 아닌 해상이었다. 왜냐하면 평균 풍속이 육지보다 바다가 훨씬 높았기 때문이다(Kaltschmitt et al. 2003, 그림 4.6 참조). 독일 최초의, 그리고 지금까지 유일한 해상 풍력 단지 알파 벤투스가 2010년 4월 가동에 들어갔다(Deutsche Offshore Testfeld und Infrastruktur GmbH & Co. KG[DOTI] 2010).

해상 풍력 설비는 전혀 다른 조건에서 가동되기 때문에 내륙 풍력 설비와 큰 차이를 보인다. 해상 풍력 설비는 내륙과 달리 바닷가에서 한참 떨어진 곳에 설치돼 있으므로 고장 날 일이 거의 없어야만 한다. 해상 풍력 설비를 정비, 보수하려면 엄청난 노동력과 함께 비용도 많이 들기 때문이다(Kaltschmitt et al. 2003).

재생가능에너지법에 의해 해상 풍력 설비는 내륙 풍력 설비보다 전기 구매가가 높다. 해상 설비의 초기 구매가는 kWh당 13센트인 데 비해 내륙 설비는 9.2센트밖에 되지 않는다(BMU 2010a).

4.1 바람의 발생

바람은 광대역에 걸친 공기의 압력 차이가 균형을 이루는 과정에서 생겨난다. 대기에 존재하는 다량의 공기가 태양에 의해 불균형적으로 데워지면서 공기의 압력 차가 발생하는 것이다. 지구 자전에 의해 하루 동안 태양을 향하는 지역이 달라지게 된다. 이렇게 하루 동안에도 계절에 따라 태양의 복사에 변동이 일어나는데, 이것은 태양 주위를 도는 지구의 공전 운동 때문이다. 또한 지구가 공 모양인 것과 지구 자전에 대한 공기의 관성도 공기 압력 차에 영향을 미친다. 이 압력 차는 더 강한 바람이나 더 약한 바람의 형태로 균형을 이루게 된다. 더운 공기는 팽창함으로써 밀도가 낮아진다. 그러면 더운 공기가 가벼워져서 대기 상공으로 올라간다. 여기서 저기압 영역이 생겨난다(Cehak/Liljequiest 1994, Frater/Walch 2004).

대기의 상층으로 올라가면서 공기는 차가워지고 밀도가 다시 높아져서 무거워지게 된다. 그러면 공기는 지구 표면으로 다시 하강한다. 여기서 고기압 영역이 생겨난다. 고기압 영역과 저기압 영역 사이에서는 공기가 균형을 이루려고 움직이는데, 이것을 우리는 바람으로 지각하게 된다. 바람은 항상 고기압 영역에서 저기압 영역으로 흐른다. 바람은 또 전 지구적인 바람과 국지적인 바람으로 구분된다.

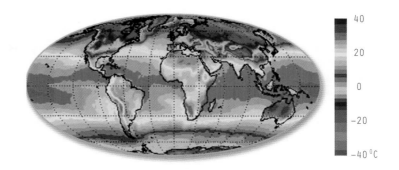

그림 4.3 지구 위에 존재하는 가열에 의한 온도 차이(Cehak/Liljequiest 1994, Frater/Walch 2004 참조하여 작성)

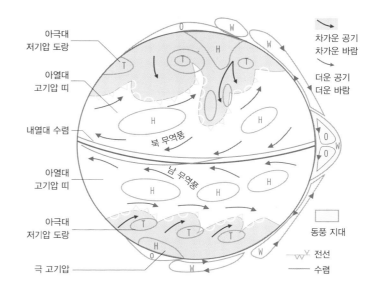

그림 4.4
전 지구적 준고정
상태의 고기압 영역과
저기압 영역(Goudie
1995, Schönwiese
2003 참조하여 작성)

적도에서는 태양의 복사량이 높아서 얇은 저기압 영역이 생겨 마치 허리띠처럼 지구본 전체를 싸고 있다(적도의 저기압 도랑, 그림 4.4). 그 부근의 남·북회귀선으로는 고기압 영역이 생겨난다. 이들 넓은 영역에 존재하는 공기 압력 차에 의해 생겨나는 바람이 무역풍이다. 무역풍은 전 지구적 바람 시스템의 일부를 이루는데, 예를 들면 인도의 몬순도 무역풍으로부터 기원한다(그림 4.5). 태양에 의해 데워진 다량의 공기가 움직임으로써 풍력에너지가 생겨나기 때문에 바람 역시 태양에너지의 간접적인 형태인 것이다(Cehak/

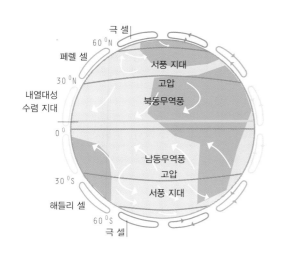

그림 4.5 전 지구적 바람의 흐름
(Goudie 1995, Schönwiese 2003 참조하여 작성)

그림 4.6
독일, 10m
높이에서의 평균
풍속(Petry 2009
참조하여 작성)

> 7M/S > 5-6M/S > 3-4M/S > 2M/S
> 6-7M/S > 4-5M/S > 2-3M/S

Liljequiest 1994, Frater/Walch 2004).

전 지구적인 기압 차 외에 해안 지대에서는 국지적인 바람 체제가 형성된다. 육지가 낮 동안에는 바다보다 더 더워지기 때문에 국지적으로 압력 차가 발생한다. 낮에는 압력의 균형을 맞추기 위해 내륙 쪽으로 바람이 불고 밤에는 공기가 차가워져서 반대 방향으로 불게 된다(Cehak/Liljequiest 1994, Goudie 1995, Frater/Walch 2004, Schönwiese 2003).

4.2 │ 풍력에너지를 이용하는 데 필요한 물리적 기초

풍력 날개로 이용할 수 있는 바람의 에너지는 몇 가지 물리 기초 공식으로 서술된다.

바람은 풍속 v로 운동에너지 [E]를 나르는데, 이 에너지는 다음과 같은 일반 공식으로 계산할 수 있다.

(4.1) $E = \frac{1}{2} \cdot m \cdot v^2$

[E] = 바람의 동력학적 에너지(운동에너지) [$Nm = J = Ws$]

[m] = 바람의 질량 [kg]

[v] = 바람의 속도 [$\frac{m}{s}$]

[t] = 시간 [s]

바람의 질량 [m]은 밀도 [p]와 공기의 부피 [V]로 계산한다.

(4.2) $m = p \cdot V$

공기의 부피 [V]는 공기가 풍력 날개 A를 통해 움직이는 데 필요한 풍력 로터 면적 A($\pi \cdot r^2$), 풍속 [v]와 시간 [t] 요소를 이용해서 근사치로 계산할 수 있다.

(4.3) $V = \pi \cdot r^2 \cdot v \cdot t = A \cdot v \cdot t$

이로부터 바람의 운동에너지는 다음과 같은 공식으로 서술된다.

(4.4) $E_{kin.\,Wind} = \frac{1}{2} \cdot m \cdot v^2 = \frac{1}{2} \cdot p \cdot A \cdot v^3 \cdot t$

공기 유량 [m']는 풍력 로터 면적 A를 속도 [v]로 통과하는 공기의 질량을 나타낸다. [m']는 (4.2)의 식에서와 같이 밀도 [p]와 부피 V로 결정되는 질량 m으로 계산된다. 시간 t를 넣어 계산하면, 풍력 로터 면적 A를 흐르는, 밀도 [p]를 지닌 공기의 공기 유량 m'를 다음과 같이 얻게 된다.

(4.5) $m = p \cdot A \cdot v \cdot t \rightarrow m' = p \cdot A \cdot v$

시간에 따른 에너지를 구분하면 고정된 풍속 [v]에서 바람이 지닌 출력 [P]를 (4.6)의 식으로 계산할 수 있다.

(4.6) $P = E' = \frac{dE}{dt} = \frac{1}{2} \cdot m' \cdot v^2$

(4.6)의 식에서 m' 대신에 (4.5)의 식을 이용하면 바람

의 출력은 다음과 같이 계산된다.

$$(4.7) \quad P_0 = \frac{1}{2} \cdot p \cdot A \cdot v \cdot v^2 = \frac{1}{2} \cdot p \cdot A \cdot v^3$$

지금까지 계산한 것의 의미를 이해하기 위해 실제로 간단한 예를 갖고 계산해 본다.

▶ 풍력발전 산업에서는 건조한 공기의 밀도(해발고도상에서의 정상 대기 압력과 15℃ 온도상에서의)를 표준으로 이용하고 있다.

▶ 이 값은 **1.204kg/m³**이다.

▶ **60m**의 풍력 로터 반지름 [**r**], 일정한 풍속 **15m/s**를 가정하면 1초 안에 풍력 로터 표면을 통해 흐르는, 움직이는 공기(바람)의 운동에너지 [**E**]와 출력 [**P**]는 다음과 같이 나온다.

$$A = \pi \cdot r^2 = \pi \cdot (60\,m)^2 = 11\,309.73\,m^2$$

$$V = \pi \cdot r^2 \cdot v \cdot t = A \cdot v \cdot t$$
$$= 11\,309.73\,m^2 \cdot 15\,\frac{m}{s} \cdot 1\,s = 169\,646\,m^3$$

$$m = V \cdot p = 169\,646\,m^3 \cdot 1.204\,\frac{kg}{m^3} = 204\,253.76\,kg$$

$$E_{kin.} = \frac{1}{2} \cdot p \cdot A \cdot v^3 \cdot t = \frac{1}{2} \cdot m \cdot v^2 = \frac{1}{2} \cdot 204\,253.76\,kg$$
$$\cdot \left(15\,\frac{m}{s}\right)^2 = 22\,978\,543.93\,\frac{kg \cdot m^2}{s^3}$$

$$P = \frac{1}{2} \cdot p \cdot A \cdot v^3 = \frac{1}{2} \cdot 1.204\,\frac{kg}{m^3} \cdot 11\,309.73\,m^3$$
$$\cdot \left(15\,\frac{m}{s}\right)^3 = 22\,978\,543.93\,\frac{kg \cdot m^2}{s^3}$$

여기서 사용한 사례에서 움직이는 공기(바람)의 출력 [**P**]는 약 23MW이다.

임의로 공기가 흘러드는 풍력터빈이나 풍력발전기로 풍력을 이용하게 되면, 바람의 속도가 줄어들고 터빈 또는 풍력발전기 앞뒤로 공기가 흐르는 양은 일정하게 유지된다. 이로부터 바람이 앞쪽보다 터빈이나 풍력발전기 뒤쪽으로 더 넓은 면적 [**A**]를 통과하게 된다(Kaltschmitt et al. 2003, Petry 2009, Quaschning 2009, Watter 2009).

이는 공기의 일정한 압력과 일정한 밀도 [**p**]에서도 적용된다.

$$(4.8) \quad m' = p \cdot V' = P \cdot A_1 \cdot v_1 = P \cdot A \cdot v = p \cdot A_2 \cdot v_2$$
$$= 일정$$

[**A₁**] = 풍력발전기 앞의 면적

[**v₁**] = 풍력발전기 앞쪽의 풍속

[**A**] = 풍력발전기 로터의 면적

[**v**] = 풍력발전기에서의 풍속

[**A₂**] = 풍력발전기 뒤의 면적

[**v₂**] = 풍력발전기 뒤쪽의 풍속

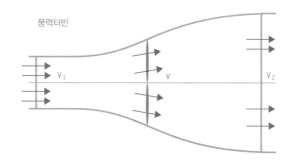

풍력터빈

그림 4.7 임의로 바람이 흘러드는 풍력터빈에서의 공기 흐름
(Härdtle et al. 2002, Quaschning 2009, Zahoransky 2007 참조하여 작성)

풍속 [**v₁**]과 [**v₂**]의 평균치로부터 풍력터빈 정점에서의 풍속이 산출되어 나온다.

$$(4.9) \quad E_{kin.\,Wind} = \frac{1}{2} \cdot m \cdot v^2 = \frac{1}{2} \cdot p \cdot A \cdot v^3 \cdot t$$

풍속 [**v₁**] 과 [**v₂**]의 차이에서 바람에서 얻은 출력 [**P_N**]을 계산할 수 있다.

$$(4.10) \quad P_N = \frac{1}{2} \cdot m' \cdot (v_1^2 - v_2^2)$$

[**m′**]를 대체하면

$$(4.11) \quad m' = p \cdot A \cdot v = p \cdot A \cdot \frac{1}{2} \cdot (v_1 + v_2)$$

다음과 같은 식이 나온다.

$$(4.12) \quad P_N = \frac{1}{4} \cdot p \cdot A \cdot (v_1 + v_2) \cdot (v_1^2 - v_2^2)$$

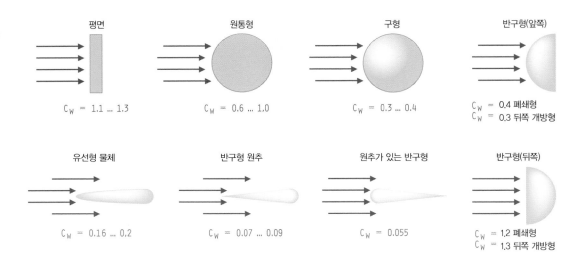

그림 4.8
서로 상이한 물체들의 저항 상수(Härdtle et al. 2002, Twele/Gasch 2010 참조하여 작성)

평면	원통형	구형	반구형(앞쪽)
$C_W = 1.1 … 1.3$	$C_W = 0.6 … 1.0$	$C_W = 0.3 … 0.4$	$C_W = 0.4$ 폐쇄형 $C_W = 0.3$ 뒤쪽 개방형

유선형 물체	반구형 원추	원추가 있는 반구형	반구형(뒤쪽)
$C_W = 0.16 … 0.2$	$C_W = 0.07 … 0.09$	$C_W = 0.055$	$C_W = 1.2$ 폐쇄형 $C_W = 1.3$ 뒤쪽 개방형

바람에서 얻은 출력 $[P_N]$과 바람에 포함되어 있는 출력 $[P_0]$로부터 출력 계수 $[C_P]$로 표현되는 비례 관계를 계산할 수 있다.

[4.13]
$$c_P = \frac{P_N}{P_0} = \frac{\frac{1}{4} \cdot p \cdot A \cdot (v_1 + v_2) \cdot (v_1^2 - v_2^2)}{\frac{1}{2} \cdot p \cdot A \cdot v_1^3}$$
$$= \frac{(v_1 + v_2) \cdot (v_1^2 - v_2^2)}{2 \cdot v_1^3} = \frac{1}{2} \cdot \left(1 + \frac{v_2}{v_1}\right) + \left(1 - \frac{v_2^2}{v_1^2}\right)$$

베츠가 **최대 출력 계수**를 조사한 바에 따르면 이 수치는 0.593이었다. 베츠는 스스로는 최대 $[\frac{v_2}{v_1} = \frac{1}{3}]$을 얻어 이를 이상적인, 또는 **Betz의 출력 계수**$[C_{p, Betz}]$로 나타낸다(Betz 1926(재인쇄 1994), Gasch/Twele 2007, Schwister 2009, Watter 2009, Zahoransky 2007). 알베르트 베츠는 독일의 엔지니어로 1926년에 이미 〈바람-에너지와 풍차에 의한 바람에너지 활용〉이라는 책을 펴냈다. 바람으로부터 최대로 끌어낼 수 있는 출력은 이론적으로는 바람에 포함되어 있는 출력의 60% 정도이다. 잘 만들어진 설비에서는 출력 계수가 약 0.5에 이른다(Bundesverband Windenergie e.V. 2010a, Heier 2007, Kaltschmitt et al. 2003, Petry 2009, Quaschning 2009, Watter 2009, Zahoransky 2007).

풍력을 이용하자면 풍력 로터 면적 위를 움직이기

위해 공기 저항을 이용하는 저항 추진체와 공기 흐름을 가로질러 작용하는 양력을 이용하는 양력 추진체를 구분해야 한다.

저항 추진체

저항 원리에서는 풍속 [v]를 지닌 바람과 흐르는 공기 덩어리는 바람에 수직인 물체(풍력 로터)에 힘 $[F_W]$를 미치게 된다. 저항 원리에서 **최대 출력 계수**는 **0.193**이다(Petry 2009, Quaschning 2009, Watter 2009, Zahoransky 2007). **저항 원리** 및 저항 추진체들에서의 출력 계수는 베츠의 값에 비해 현저하게 낮기 때문에 현대 설비에서는 이를 이용하는 경우가 거의 없다(Petry 2009, Quaschning 2009). 요즘은 다음에 설명할 양력 추진체를 주로 이용한다. 이 양력 추진체로는 더 높은 출력 계수에 도달할 수 있고 손실도 적다(Bundesverband Windenergie e.V. 2010a, Kaltschmitt et al. 2003, Quaschning 2009, Watter 2009, Zahoransky 2007). **그림 4.8**에서는 상이한 물체들의 저항 상수를 볼 수 있다.

양력 추진체

양력 추진체에서는 바람의 방향을 바꾸어서 대상 물체(풍력 로터)에 미치는 힘 [F]를 만들어 내거나 힘을 전달하게 된다. 공기의 흐름이 감싸고 있는 물체 위

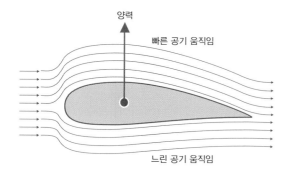

양력

빠른 공기 움직임

느린 공기 움직임

그림 4.9 양력의 원리(Petry 2009 참조하여 작성)

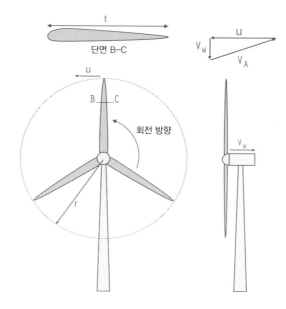

그림 4.10
풍속 V_W와 풍력 로터 회전으로부터 나오는 유입 공기 속도 V_A(Twele/Gasch 2010 참조하여 작성)

t

단면 B-C

u

B C

회전 방향

r

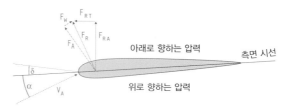

그림 4.11
양력 로터에서의 힘 관계(Quaschning 2009, Zahoransky 2007 참조하여 작성)

아래로 향하는 압력   측면 시선

위로 향하는 압력

쪽에서는 아래쪽보다 속도가 더 높게 되고, 따라서 위쪽에서는 아래로 향하는 압력이 발생하고 아래쪽에서는 위쪽으로 향하는 압력이 발생한다(Bundesverband Windenergie e.V. 2010a, Heier 2007, Kaltschmitt et al. 2003, Quaschning 2009, Watter 2009, Zahoransky 2007). **그림 4.9**는 이 상황을 그래픽으로 나타낸 것이다.

베르누이에 따르면 이 과정을 통해 양력 [F_A]가 발생하는데, 이는 밀도, 속도, 면적 및 출력 계수로 계산할 수 있다(Kaltschmitt et al. 2003, Quaschning 2009).

(4.14) $F_A = c_A \cdot \dfrac{1}{2} \cdot p \cdot A_p \cdot v_A^2$

양력의 원리에서도 저항력이 발생하지만 이 힘은 양력에 비해 현저히 작다. 이 둘의 비례 관계에서 활강 값을 계산할 수 있다(Bundesverband Windenergie e.V. 2010a, Härdtle et al. 2002, Heier 2007, Kaltschmitt et al. 2003, Quaschning 2009).

(4.15) $F_W = c_W \cdot \dfrac{1}{2} \cdot p \cdot A_p \cdot v_A^2$

(4.16) **활강값** $\varepsilon = \dfrac{F_A}{F_W} = \dfrac{c_A}{c_W}$

그림 4.10에서는 풍속 [V_W]와 풍력 로터 회전 [u]로부터 나오는 유입 공기 속도 [V_A]를 볼 수 있다. 왼쪽은 풍력발전기 구조를 도식적으로 나타낸 것이고, 오른쪽은 단면을 그려 놓은 것이다. 풍력발전기 로터의 회전 반지름을 [r]로 표시하고 있다. [B-C]는 로터 단면을 나타낸다.

그림 4.11에서는 힘들 사이의 관계를 볼 수 있다. 그림 4.10과 그림 4.11에 나오는 부호들의 의미는 다음과 같다.

[F_R] = 최종 힘

[F_W] = 저항력

[F_A] = 양력

[F_{RT}] = 탄젠트 성분

[F_{RA}] = 수직 성분

[$α$] = 유입 각도

[$δ$] = 날개 조종각

[v_A] = 유입 공기 흐름 속도

최종 힘 [F_R]는 [$F_R = F_W + F_A$]의 벡터 계산으로 구하고 수직 성분 [F_{RA}]와 탄젠트 성분 [F_{RT}]로 나누어질 수 있다. 풍력 로터의 회전은 이 탄젠트 성분에 의해 일어나게 된다(Bundesverband Windenergie e.V. 2010a, Heier 2007, Kaltschmitt et al. 2003, Quaschning

2009). 양력 상수 [C_A]와 저항 상수[C_W]는 유입 각도 [α]에 따라 크게 달라진다(Bundesverband Windenergie e.V. 2010a, Heier 2007, Quaschning 2009). 회전 로터면을 돌리는 방식으로 날개 조종각 [δ]를 변화시키면 유입각 [α]도 그에 따라 달라진다(Bundesverband Windenergie e.V. 2010a, Heier 2007, Kaltschmitt et al. 2003, Petry 2009, Quaschning 2009).

양력 추진체에서 바람에서 얻은 출력 [P_N]은 출력 계수[C_P]와 바람에 포함된 출력 [P_0]로 다음과 같이 계산할 수 있다.

$$\text{(4.17)} \quad P_N = c_P \cdot P_0 = c_P \cdot \frac{1}{2} \cdot p \cdot A \cdot v_W^3$$

4.3 풍력발전 설비의 구조와 구성 형식

풍력발전 설비에서는 바람의 에너지가 여러 단계의 에너지 변환 사슬을 거쳐 전기로 변환된다. 발전 설비는 로터가 수직 회전축을 지닌 것인지와 수평 회전축을 지닌 것인지로 구분된다.

수직 회전축을 지닌 풍력발전 설비

수직 회전축을 지닌 풍력발전 설비는 몇백 년 전부터 있었지만 지금은 기술적으로 한층 발전한 건조 방식으로 특수 목적으로만 이용되고 있다. 예를 들어 환기 설비용으로나 날씨 변동이 극심한 지역에서 주로 이용된다. 이 설비는 다시 사보니우스 로터(S-로터), 다리우스 로터(D-로터), 하이델베르크 로터(H-로터)로 구분된다(Petry 2009, Quaschning 2009, Twele/Gasch 2010). 이 설비들은 난기류(亂氣流)에서도 전혀

민감하지가 않아서 컴퓨터 보조 시설 없이도 빠르게 바람 방향에 맞춰 조정될 수 있다. 그럼에도 이 설비들은 효율이 낮고 제작 과정에서 재료 낭비가 너무 많아서 수평 회전축을 지닌 풍력발전 설비와 달리 시장을 지배하지 못하고 있다(Bundesverband Windenergie e.V. 2010a, Heier 2007, Petry 2009, Quaschning 2009).

사보니우스 로터

사보니우스(Savonius) 로터 또는 S-로터로 불리는 이 설비는 지금은 공장 건물과 자동차의 환기용으로 주로 이용되고 있다. S-로터는 삽 모양의 반원통형 로터 두 개로 구성되고 이 로터는 중앙이나 축 가까이에 겹쳐져 있다(Bundesverband Windenergie e.V. 2010a, Petry 2009, Quaschning 2009). 두 개의 삽 모양 로터는 저항 원리에 따라 작동하고 서로 겹쳐 있는 영역에서만 양력 원리가 이용된다. S-로터의 **최대 출력 계수는 겨우 0.25**이다(Bundesverband Windenergie e.V. 2010a, Petry 2009, Quaschning 2009).

다리우스 로터

다리우스(Darrieus) 로터 또는 D-로터로 불리는 이 설비는 2~3개의 포물선 모양 로터로 구성되어 있다. 이것은 예를 들면 물을 퍼 올리는 펌프 동력이나 상업용 전기 생산에도 이용된다. D-로터는 양력의 원리에 따라 작동되므로 S-로터보다는 효율이 훨씬 높다. 그럼에도 효율은 수평 회전축을 가진 로터보다는 훨씬 낮다. 또 다른 단점은 단독으로 작동할 수 없고 S-로터와 같은 보조 시동 장치가 있어야 작동할 수 있다는 것이다(Bundesverband Windenergie e.V. 2010a, Petry. 2009, Quaschning 2009).

그림 4.12
풍력발전 설비에서
에너지 변환 사슬

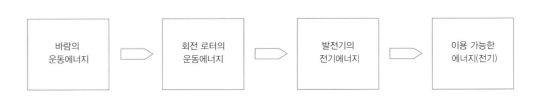

하이델베르크 로터

하이델베르크(Heidelberg) 로터 또는 H-로터로 불리는 이 설비는 D-로터를 한 단계 더 발전시킨 것이다. 이 로터형은 시동체로 작용하고 세 개의 회전 로터가 수직으로 배치되어 있다. 수직 회전축으로 받쳐져 있기 때문에 이 로터형은 자세를 유지할 수 있다. H-로터는 증속 장치 없이도 작동할 수 있는데, 항상 움직이는 발전기가 이 로터 구조에 직접 통합되어 있기 때문이다. 이렇게 견고하게 제작된 로터형은 기상 상황이 극심한 곳, 예를 들어 고산지대나 남극지방에서 이용될 수 있다(Bundesverband Windenergie e.V. 2010a, Petry 2009, Quaschning 2009). 그곳에서 전기 발생원으로 이용되는데, 예를 들면 1990년대 초에 정격 용량 20kW의 H-로터 설비가 남극에 있는 게오르크 폰 노이마이어 연구소에 전기에너지를 공급했다. 그 사이에 물론 그곳에는 다리우스 로터가 없는 설비가 들어섰다.

사보니우스 로터   다리우스 로터   하이델베르크 로터

그림 4.13
수직 회전축의 로터
(Quaschning 2009,
Twele/Gasch 2010
참조하여 작성)

으로 토대를 만든다. 이런 방식으로 토대를 만들 때는 이미 완성된 철근콘크리트 기둥을 단단한 지층에 박아 넣거나 구멍을 뚫어 박아 넣는다. 이어 기둥을 철근콘크리트판에 접합하는데, 땅 위에서는 이 콘크리트판만 보인다. 이 판이 풍력발전 설비, 탑과 기구를 지탱하게 된다(Bundesverband Windenergie e.V. 2010a, Gottschall 2010, Hau 2008, Kaltschmitt et al. 2003, Quaschning 2009, Twele/Gasch 2010).

수평 회전축을 지닌 풍력발전기 구조

수평 회전축을 지닌 풍력발전기는 전기 생산용으로 시장을 지배하게 되었다(Gottschall 2010, Petry 2009). 수평 회전축의 현대 풍력발전기는 다음과 같은 주요 요소로 구성되어 있다(Gottschall 2010, Kaltschmitt et al. 2003, Petry 2009).

▶ 토대
▶ 타워
▶ 엔진실(곤들)
▶ 로터

토대

일반적으로 토대는 평면 토대와 바닥을 파내고 심어 놓은 토대로 구분된다. 내륙 지역이나 건조물이 지탱될 수 있는 부지에서는 평면 토대를 사용한다. 풍력발전기 소재지에 철근 구조물을 세우고 여기에 직접 시멘트를 부어 철근콘크리트 토대를 만든다.

약한 지반의 부지에서는 바닥을 파내어 심는 방식

타워

풍력발전 설비의 타워 위에는 몇 톤이나 되는 무거운 기구가 앉혀지게 된다. 따라서 타워가 흔들림과 불어오는 바람의 힘에도 지탱하려면 부하를 견딜 수 있는 힘이 강해야 한다. 타워 형태는 세 가지로 구분된다. 강철 타워, 콘크리트 타워, 격자형 마스트 타워이다(Bundesverband Windenergie e.V. 2010a, Gottschall 2010). 강철 타워는 벽면 두께가 20~40mm이고 2~4개의 부분으로 구성된다. 각 부분은 나사로 조이거나 용접을 해서 잇는다. 이 타워는 원뿔형이다. 원뿔형 타워는 물질 투입이 줄어들고 안정도도 높아지게 된다(Gottschall 2010). 콘크리트 타워는 이미 제작된 콘크리트 부분 타워로 옮겨져서 발전기가 들어서는 장소에서 안쪽에 있는 강철 밧줄로 서로서로 고정되는 방식으로 세워진다. 또는 부지에서 슬립폼 공법(수평 · 수직으로 반복된 구조물을 시공 이음 없이 균일한 형상으로 시공하는 건축법-옮긴이) 방식으로 제작되기도 한다(Bundesverband Windenergie e.V. 2010a, Gottschall

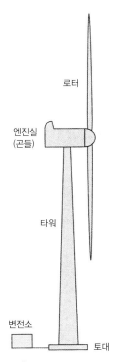

로터

엔진실
(곤들)

타워

변전소

토대

그림 4.14
**수평 회전축
풍력발전소 구조**
(Gottschall 2010
참조하여 작성)

2010, Kaltschmitt et al. 2003, Quaschning 2009). 격자형 마스트 타워는 강철 종단면을 용접하거나 나사로 죄어 만들어진다. 타워는 원리상 강철로 된 목재 골조 구조라고 할 수 있는데, 송전탑과 비슷한 모양이다(Bundesverband Windenergie e.V. 2010a, Gottschall 2010, Hau 2008, Kaltschmitt et al. 2003, Quaschning 2009, Twele/Gasch 2010).

엔진실

엔진실 안에는 증속기, 발전기, 조정 장치와 안전장치, 풍향 적응 장치, 구동 축과 메인 베어링이 들어 있다. 흔히 변압기를 엔진실에 들여놓기도 한다. 구동 축은 증속 장치와 회전 로터를 연결해 주고, 증속 장치는 다시 로터 회전수를 발전기 회전수에 맞춘다(Bundesverband Windenergie e.V. 2010a, Gottschall 2010, Hau 2008, Kaltschmitt et al. 2003, Quaschning 2009, Twele/Gasch 2010).

비동기 발전기와 동기 발전기가 기계적인 출력을 전기적인 출력으로 변환해 준다. 요즘에는 증속 장치가 이미 부착된 비동기 발전기뿐만 아니라 직접 증속기에 연결된 4극 동기 발전기를 많이 쓴다. 이 두 가지 방식의 발전기 형태에서 나오는 전기 출력은 이어서 계통 전력망 전압 수준으로 변환되어야만 한다. 이 변환은 부분적으로 엔진실에 직접 장착된 변압기에서 이루어지기도 하지만 이런 경우는 드물다. 대개 변압소는 풍력발전 설비 바로 옆에 만들어진다. 조정 장치와 안전장치 시스템은 풍력발전 설비 가동을 감시하게 된다. 풍향 적응 장치는 컴퓨터로 조정되며 설비가 바람이 지나는 길에 있게 한다. 풍속이 높을 때 이 장치는 설비가 바람 바깥에 위치하도록 방향을 바꾸는 역할을 한다.

풍속이 너무 높을 때에 전체 로터를 돌려서 조정하는 경우, 이 설비는 피치 조정 장치를 지닌 설비이다(Bundesverband Windenergie e.V. 2010a, Gottschall 2010, Hau 2008, Kaltschmitt et al. 2003, Quaschning 2009, Twele/Gasch 2010). 피치 방식에서 로터는 전기나 수압식 구동 장치를 통해 날개 길이 축이 회전축이 되도록 각도를 조정해 바람길에서 벗어나도록 돌려진다.

또 다른 방식으로 스톨 조정이 있다. 이것은 소형 설비에서 이용되는데, 회전 로터 자체가 돌아가는 것이 아니라 회전 로터의 측면을 풍속이 높을 때 일어나는 기류 흐름을 차단할 수 있도록 돌려놓는 것이다. 이때 회전 로터의 뒷면에서 난류가 발생하고, 이에 따라 회전 속도가 느려지게 된다(Bundesverband Windenergie e.V. 2010a, Gottschall 2010, Hau 2008, Kaltschmitt et al. 2003, Quaschning 2009, Twele/Gasch 2010).

엔진실에는 너무 높은 풍속에서 설비를 보호하기 위해 자동으로 컴퓨터로 조정되어 작동하는, 기체 역학을 이용한 브레이크도 장착되어 있다. 로터 회전수가 너무 낮을 때도 로터 회전을 중단시키기 위해 브레이크가 작동되기도 한다. 풍속이 적당해지면 컴퓨터 조정 장치에 의해 설비가 다시 바람 속에 있도록 회전된다(Bundesverband Windenergie e.V. 2010a, Gottschall 2010, Hau 2008, Kaltschmitt et al. 2003, Quaschning 2009, Twele/Gasch 2010).

로터(회전자)

로터는 축과 보통 세 개의 로터 날개로 구성되어 있다. 로터는 직접 구동 축 앞에 부착된다. 수평 회전축을 가진 현대의 대형 풍력발전 설비에서는 세 개의 날개가 바람이 불어오는 쪽을 향해 달린 로터를 많이 쓴다. 이 상류형 로터는 천천히 돌아가며 회전 기술 면에서도 1~2개의 날개가 달린 로터보다 훨씬 조정하기 쉽다. 바람이 불어오는 쪽을 향하고 있는 형태의 날개로 로터는 타워 앞쪽에서 바람 방향으로 돌아가게 되어 있다. 이와 달리 타워 뒤쪽에서 바람의 방향으로 돌아가도록 되어 있는 하류형 로터도 있다(Bundesverband Windenergie e.V. 2010a, Gottschall 2010, Hau 2008, Kaltschmitt et al. 2003, Quaschning 2009, Twele/

Gasch 2010). 일반적으로 날개가 짝수인 로터는 바람 그림자 효과가 생기기 때문에 제작 과정에서 역학적인 요구나 재료에 대한 요구가 커서 적합하지 않은 것으로 알려져 있다(Gottschall 2010, Hau 2008, Kaltschmitt et al. 2003, Quaschning 2009, Twele/Gasch 2010). 다시 말해 5개나 7개의 날개가 달린 로터에 비해 제작 과정에서 재료가 더 많이 들어가고 역학적으로도 더 복잡한 기술이 필요해 비용 면에서 투자 가치가 낮다(Bundesverband Windenergie e.V. 2010a, Gottschall 2010, Kaltschmitt et al. 2003, Quaschning 2009, Twele/Gasch 2010).

전기 생산 과정 요약

풍속이 특정 최소치에 도달하면 풍력발전 설비는 컴퓨터로 조정되는 풍향 적응 장치에 의해 바람 방향으로 회전한다. 최소 속도는 풍력발전 설비의 형태와 크기에 따라 달라진다. 정격속도는 발전 설비형에 따라 초속 11~15m/s이다(Gottschall 2010, Kaltschmitt et al. 2003, Quaschning 2009). 발전기가 바람을 향하게 되면 바람이 로터의 날개에 압력을 가하고, 이에 따라 날개가 움직이며 돌아간다. 날개 한쪽으로 높은 압력이 작용하고 다른 쪽으로는 낮은 압력이 작용하기 때문에 날개가 돌아가도록 되어 있다. 바람의 에너지 일부가 이 운동을 통해 로터 날개와 이 날개의 회전운동으로 옮겨 간다. 구동 축과 증속기를 통해 이 회전운동은 발전기로 이전된다. 대부분의 다단계 증속기가 로터의 회전수를 발전기 회전수에 맞추는 역할을 한다. 회전수가 충분하면 발전기가 전기를 생산하고 이 전기는 전력망으로 보내지거나 변압기로 보내진다. 이렇게 만들어진 전기는 에너지 공급망으로 보내질 수 있게 된다. 변압기는 풍력발전 설비에서 나오는 전압이 전기를 보내고자 하는 전력망 전압과 맞지 않을 때에만 필요하다. 풍속이 초속 25m 정도로 높을 때는 컴퓨터로 조정되는 브레이크가 가동된다(Bundesverband Windenergie e.V. 2010a, Gottschall 2010, Heier 2007,

설비 형태	정격출력	정격속도	지름
Zephyr Airdophin Z-1000	1000W	12.5m/s	180cm
KUKATE- 4m 반쪽 날개 설비	1400W	8m/s	400cm
Pawicon-2500	2500W	11m/s	350cm
Klein-WKA 종합 조립 세트	30~10 000W	1.8~12m/s	1.22~8cm
Leewise 1000	350W	13m/s	100cm
Tornado 600S	400~600W	12.5m/s	191cm

Kaltschmitt et al. 2003, Petry 2009, Quaschning 2009).

표 4.1
소형 풍력발전기 개관(Wind Journal 2011 참조하여 작성)

소형 풍력발전기

소형 풍력발전기라는 표현은 정격출력 5000W(5kW)까지의 발전기에 대해 사용한다. 이 발전기들은 대개 기둥 위나 주택 지붕에 설치되어 있으며 주로 개인용으로 가동되고 있다. 원리적으로는 이 소형 발전기도 대형 발전기와 동일하게 작동한다.

정격출력에 도달하기 위해서는 초속 8~12m/s의 풍속이 필요하다(Kleinwindanlagen 2011, Wind Journal 2011). 소형 풍력발전기는 가격이 다양하다. 정격출력 500W의 저렴한 발전기는 600유로짜리도 있다. 그런가 하면 설치 kW당 4000유로나 하는 발전기도 있다(Kleinwindanlagen 2011, Wind Journal 2011).

5kW 정격출력을 지닌 소형 풍력발전기는 이 출력으로 돌아가기만 하면 100W 전구 50개 또는 100W 소비 전력의 텔레비전 50대에 전기를 공급할 수 있다. 그렇지만 대부분의 발전기는 정격출력만큼 출력을 내지 못한다(Kleinwindanlagen 2011, Wind Journal 2011). 현재 구입할 수 있는 소형 발전 설비들을 표 4.1에 정리해 놓았다.

4.4 | 알파 벤투스

독일 최초의 해상 풍력발전 단지 알파 벤투스는 보르쿰 섬에서 북쪽으로 45km 떨어진 곳에 있다. 육

표 4.2
노르덱스사의
풍력발전기 두 모델
비교(Nordex AG 2004
참조하여 작성)

로터	N80(2500kW)	N90(2300kW)
로터		
날개의 수	3	3
회전수	10.9~19.1min⁻¹	9.6~16.9min⁻¹
로터 지름	80m	90m
회전 면적	5,026㎡	6,362㎡
제어 방식	Pitch	Pitch
기동 풍속	4m/s	3m/s
정지 풍속	25m/s	25m/s
정격출력	약 16m/s	13m/s
중량	50 000kg	54 000kg
날개		
날개 길이	38.8m	43.8m
재료	GFK	GFK
중량	8700kg	10400kg
증속기		
형식	3단 유성기어/평치차기어	3단 유성기어/평치차기어
전달비	1 : 68.1	1 : 77.44
중량	약 18 500kg	약 18 500kg
기름양	3601	3601
기름 교체	반년마다 조사, 필요에 따라 기름 교체	
발전기		
출력	2500kW	2300kW
전압	660V	660V
형식	이중 공급 비동기 발전기	
회전수	700~1300min⁻¹	700~1300min⁻¹
중량	12 000kg	12 000kg
풍향 적응 장치		
브레이크	수압 방식의 디스크브레이크	수압 방식의 디스크브레이크
구동	통합된 브레이크가 달린 두 개의 비동기 모터	
제어	SPS, Remote Field, Controller(RFC)	SPS, Remote Field, Controller(RFC)
타워		
높이	강철관 타워 60m	강철관 타워 80m

그림 4.15
해상 풍력 단지
(출처: iStockphoto
2009, Paolo de Santis)

표 4.3
모델 N80과 N90
시리즈 용량 특성
(Nordex AG 2004
참조하여 작성)

모델 N80 출력 특성(2500kW)			모델 N90 출력 특성(2300kW)		
풍속(m/s)	출력(kW)	출력 계수(Cₚ)	풍속(m/s)	출력(kW)	출력 계수(Cₚ)
4	15	0.076	4	70	0.281
5	120	0.312	5	183	0.376
6	248	0.373	6	340	0.404
7	429	0.406	7	563	0.421
8	662	0.420	8	857	0.430
9	964	0.430	9	1225	0.431
10	1306	0.423	10	1607	0.412
11	1658	0.405	11	1992	0.384
12	1984	0.373	12	2208	0.328
13	2269	0.335	13	2300	0.269
14	2450	0.290	14	2300	0.215
15	2500	0.241	15	2300	0.175
16	2500	0.198	16	2300	0.144
17	2500	0.165	17	2300	0.120
18	2500	0.139	18	2300	0.101
19	2500	0.118	19	2300	0.086
20	2500	0.102	20	2300	0.074
21	2500	0.088	21	2300	0.064
22	2500	0.076	22	2300	0.055
23	2500	0.067	23	2300	0.049
24	2500	0.069	24	2300	0.043
25	2500	0.062	25	2300	0.038

그림 4.16
덴마크의 해상 풍력
단지(출처: iStockphoto
2010, Mona
Plougmann)

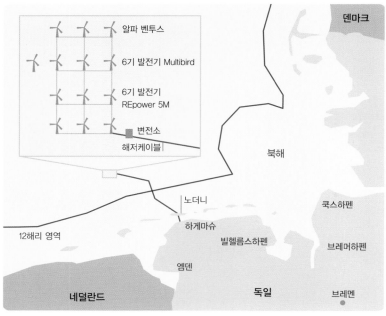

그림 4.17
알파 벤투스 해상
풍력 단지(DOTI 2010
참조하여 작성)

로터의 지름은 116m 또는 123m이고 해상 표면에서 날개 정점까지의 길이는 148m 또는 155m이다. 이로써 해상 단지 발전기는 높이가 거의 쾰른 돔 성당과 맞먹는다. 이 발전기는 바다 밑바닥에 50m 기둥으로 고정되어 있다. 또한 발전기의 중량은 각각 약 1000톤이다(Deutsche Offshore-Testfeld und Infrastruktur GmbH & Co. KG(DOTI) 2010).

앞으로 80개의 풍력 터빈을 돌릴 계획인 새로운 해상 풍력 단지 프로젝트에 비하면, 알파 벤투스는 꽤 작아 보이지만 이 단지는 독일에서 유일한 것이었으며 단지에 투입된 5MW 출력 터빈은 세계에서 가장 큰 것이었다. 여기서 생산된 전기는 60km 길이의 해저 케이블로 노더니(Norderney) 방향으로 이동해서 단지에 가까이 설치한 3층 높이의 오프쇼어 변전소를 통과하게 되어 있다. 발전기에서 생산된 3만 V의 전기가 변전소의 변압기에서 11만 V로 변환되어 육지로 송전된다. 알파 벤투스 단지는 연간 약 230GWh의 전기를 생산하는데, 이는 5만 가구의 연간 전기 수요에 해당한다(Deutsche Offshore-Testfeld und Infrastruktur GmbH & Co. KG(DOTI) 2010).

해상에서는 육지에서보다 바람 비율이 현저하게 유리하다. 알파 벤투스 운영자는 약 3800시간 동안 로터들이 최대로 가동되어 전기를 생산할 수 있을 것으로 추정한다. 이는 육지에서 동일한 설비가 생산하는 양보다 50%가 많은 것이다(DOTI 2010).

지에서는 60km 떨어진 북해에 있으며 30m 수심에 위치해 있다. 이 선구적인 프로젝트인 해상 단지는 RWE, E.ON과 바텐팔이 공동 컨소시엄으로 만든 독일 해상 시험장과 인프라사(Deutsche Offshore-Testfeld und Infrastruktur Gesellschaft: DOTI)에 의해 실현되었다. 1999년에 시작한 프로젝트의 투자 규모는 약 2억 5000만 유로였다. 풍력 단지는 각각 5MW 출력의 풍력발전기 12개로 이루어져 있다. 6기의 발전기는 프랑스 풍력발전기 제작사 아레바(Multibird M5000)가 만들었고, 나머지 6기는 독일 제작사 레파워(REpower) Systems(5M)가 만들었다.

1999/2000	PROKON Nord GmbH사 'Windpark Borkum–West' 조성 신청
2001	연방 해로수로청(BSH)의 허가
2005	Stiftung Offshore–Windenergie(해상풍력에너지재단) 창립, PROKON Nord GmbH사는 재단에 사용권 판매
2006. 5.	해상 풍력 단지 실현을 위해 DOTI 창설
2006. 12.	DOTI와 해상풍력에너지재단 사이에 임대 계약
2006년 말	연방정부의 사회간접시설 계획 가속을 위한 법에 의해 전력망 연계 규칙 관리
2007. 6.	Multibird 개발사(2007년부터 Multibird GmbH)를 6기 발전기 건설과 설치의 총괄 회사로 계약 서명
2007. 7.	아레바에 변전소에 들어갈 변압기 납품권을 부여
2007. 8.	해저케이블 작업 시작
2007. 10.	변전소 납품에 관해 아레바와 계약서 서명
2007. 12.	오프쇼어 변전플랫폼과 단지 내 케이블화 사업을 ARGE Billfinger Berger, Hochtief Construction, WeserWind와 Norddeutsche Seekabelwerke에 부여
2008. 9.	오프쇼어 변전 플랫폼 설치
2008. 11.	REpower System AG와 6기의 REpower 5M 발전기 납품에 관한 계약 서명
2009. 7.	첫 풍력발전기 설치 완공
2009. 8.	조정·시험 가동 시작, 최초 전력망에 전기 송전
2009. 11.	풍력발전 단지 완공, 조정·시험 가동 계속
2010. 4.	공식적인 가동 시작

표 4.4 작업 일지: 알파 벤투스의 조성(출처: DOTI 2010 참조하여 작성)

4.5 경제

풍력에너지에 대한 재생가능에너지법

재생가능에너지법은 독일에서 풍력발전기 전기 구매에 관한 규칙을 담고 있다. 육지에 세워진 발전기 운영자는 가동에 들어간 날부터 최소 5년간 0.092유로/kWh를 받게 된다. 나머지 가동 기간에 대해서는 구매가가 0.052유로/kWh이다(BMU 2010a, Quaschning 2009, 표 4.5 참조).

육지-해상 풍력발전기의 경제성 계산 비교

이번에는 이자 할인 계산 없이 가장 간단한 형태의 경제성 계산을 해 본다. 우리가 대상으로 하는 사례는 다음과 같은 가정을 한다. 북해에 2012년에 '모델 해상 풍력 단지'라는 이름의 새로운 해상 풍력 단지가 들어설 예정이다. 여기에는 각각 5MW 출력의 발전기 80개가 들어서도록 계획되어 있다. 신문에서 자주 보

기본 구매	EEG 2009 구매
초기 구매	8.93ct/kWh
기본 구매	5.02ct/kWh
내륙 풍력에너지 설비에 대한 보너스(온쇼어)	
시스템 서비스 보너스	EEG 2009 구매
새로운 기술 요청 사항을 만족시켜 초기 구매가 상승	
가동 연도 2002년까지	0.48ct/kWh(5년까지로 제한)
가동 연도 2009~2014	0.48ct/kWh
Repowering	EEG 2009 구매
초기 구매 기간 동안	0.5ct/kWh
EEG 2009에 따라 내륙 풍력발전 설비에 대한 감축: 구매가와 보너스에 대해 1.5%	
해상 풍력	EEG 2009 구매
초기 구매	15ct/kWh
기본 구매	3.5ct/kWh

표 4.5 풍력에너지에 대한 EEG 구매가(BMU 2010a 참조하여 작성)

도되었던 주제인 '내륙 풍력 단지는 이윤이 남지 않는다'에 대한 이유로 계속 오르는 철, 구리 원자재 가격과 상승하는 이자를 들곤 했다. 그러므로 여기서 재생

	내륙 풍력 설비	해상 풍력 설비
총정격출력 p[MW]	400	400
건설 비용[100만 €]	400	720
설계 및 프로젝트 비용[100만 €]	40	72
그 밖의 연간 비용[100만 €]	0	0
최대 사용 시간 T[h/a]	3000	4200
이자율 i [%]	6	6
감가상각 기간 ta = 관측 기간 tb[a]	20	20
EEG 구매가		
기본 구매[ct/kWh]	4.87	3.5
초기 구매[ct/kWh]	8.93(0~5년)	15(0~12년)
인상된 초기 구매	0	19(0~8년)

표 4.6
내륙 풍력 단지와
해상 풍력 단지의
사례 계산 비교를
위한 자료
(Werum 2010 참조하여
작성)

가능에너지법이 새로이 개정되어 2012년 1월 1일부터 적용된다는 조건에서 모델 해상 풍력과 내륙 풍력의 경제성 계산을 비교해 보는 것은 의미 있는 일이다.

전문가들은 "해상 풍력 단지가 유사한 내륙 풍력 단지(독일 북부)에 비해 40% 더 많은 에너지를 만들어 내겠지만 투자 비용은 80% 더 들어가게 된다"고 추정한다.

건설업체와 20년간 정비 계약을 맺을 수 있는데, 이 비용은 이미 건축비에 들어가 있다. 따라서 가동으로 발생하는 모든 고정비용은 거의 0으로 볼 수 있다.

먼저 내륙 풍력 단지와 해상 풍력 단지의 **전기 생산 비용**(ct/kWh)을 계산한다. 그리고 각각의 발전 설비에 대한 연간 수익 또는 손실을 계산하는데, 운영비와 인건비, 관리비, 보험료 등을 0.7ct/kWh로 가정한다. 그리고 마지막으로 두 발전 단지의 **이윤율**을 계산한다.

전기 생산 비용 계산에 나오는 축약어의 의미는 다음과 같다.

a: 연 상환 지수

A: 연 상환액

$K_{Investition}$: 투자 비용

K_{Bau}: 건축 비용

$K_{Planung}$: 계획 비용(설계 비용)

$E_{WKA/a}$: 연간 풍력발전기의 총에너지

$K_{Stromgestehung}$: 전기 생산비

$G_{pro\ kWh}$: kWh당 발전 설비 수익

$E_{EEG\ Vergütung}$: EEG 구매로 얻는 보상액

$G_{a:x-y}$: 특정 연도의 풍력발전 설비로 얻는 총수익

G: 풍력발전 설비 총수익

$G_{durch\ pro\ Jahr}$: 전체 사용 기간 동안의 평균 수익

R: 총 발전 단지의 이윤율

계산:

전기 생산 비용 계산 (Mio = 백만)

내륙 풍력 단지

연 상환 지수:

(4.18) $a = \dfrac{q^n \cdot (q-1)}{q^n - 1}$

(4.19) $a = \dfrac{1.06^{20} \cdot (1.06-1)}{1.06^{20} - 1} = 0.0872$

투자 비용:

(4.20) $K_{Investitionen} = K_{Bau} + K_{Planung}$

(4.21) $K_{Investitionen} = 400\ Mio\ € + 40\ Mio\ € = 440\ Mio\ €$

연 상환액:

(4.22) $A = K_{Investitionen} \cdot \alpha$

(4.23) $A = 400\ Mio\ € \cdot 0.0812 = 38.37\ Mio\ €$

연간 내륙 풍력 단지 생산 에너지:

(4.24) $E_{WKA/a} = P \cdot t$

(4.25) $E_{WKA/a} = 400\ MW \cdot 3000\ \dfrac{h}{a} = 1.2\ Mio\ MWh$

전기 생산 비용:

(4.26) $K_{Stromgestehung} = \dfrac{A}{E_{WKA/a}}$

(4.27) $K_{Stromgestehung} = \dfrac{38.37\ Mio\ €}{1.2\ Mio\ MWh} = \dfrac{47.96\ €}{1.2\ MWh}$

$= 31.98\ \dfrac{€}{MWh}$

(4.28) $K_{Stromgestehung} = 3.198\ \dfrac{ct}{kWh}$

해상 풍력 단지

연 상환 지수:

연 상환 지수 a는 (4.19)의 식에 따르면 내륙 풍력발전 설비($\text{WKA}_{\text{Onshore}}$)와 똑같은 수치를 갖는다.

$$a = 0.0872$$

투자 비용:

(4.29) $K_{Investitionen} = K_{Bau} + K_{Planung}$

(4.30) $K_{Investitionen} = 720\ Mio\ € + 72\ Mio\ € = 792\ Mio\ €$

연 상환액:

(4.31) $K_{Investitionen} \cdot a$

(4.32) $A = 792\ Mio\ € \cdot 0.0872 = 69.0624\ Mio\ €$

연간 해상 풍력 단지 생산 에너지:

(4.33) $E_{WKA/a} = P \cdot t$

(4.34) $E_{WKA/a} = 400\ MW \cdot 4200\ \dfrac{h}{a} = 1.68\ Mio\ MWh$

전기 생산 비용:

(4.35) $K_{Stromgestehung} = \dfrac{A}{E_{WKA/a}}$

(4.36) $K_{Stromgestehung} = \dfrac{69.06\ Mio\ €}{1.68\ Mio\ MWh} = \dfrac{69.06\ €}{1.68\ MWh}$
$= 41.11\ \dfrac{€}{MWh}$

(4.37) $K_{Stromgestehung} = 4.11\ \dfrac{ct}{kWh}$

수익과 손실 계산

재생가능에너지법에 따라 기본 구매가와 초기 구매가가 결정된다(4.5 '풍력에너지에 대한 재생가능에너지법' 참조). 내륙 풍력 설비 1기에 대한 구매가는 다음과 같이 요약할 수 있다.

초기 구매가는 최초 5년 동안은 8.93ct/kWh가 된다. 이어 kWh당 기본 구매가로 4.87ct/kWh를 받는다.

해상 풍력발전 설비는 이에 비해 더 높은 초기 구매가를 받는다. 이 구매가는 발전 설비가 2018년 이전에 가동에 들어갔으면 8년 동안 유지된다. 이어지는 4년간은 초기 구매가를 받고 나머지 8년은 기본 구매가를 받는다.

내륙 풍력 단지

처음 5년 동안은 초기 구매가로 계산한다.

초기 구매가: 8.93ct/kWh

kWh당 수익:

(4.38) $G_{Pro\ KWh} = E_{EEG\ Vergütung} + K_{Stromgestehung}$

(4.39)
$$G_{pro\ kWh} = 8.93\ \dfrac{ct}{kWh} - 3.198\ \dfrac{ct}{kWh} = 5.732\ \dfrac{ct}{kWh}$$

내륙 풍력 단지의 연간 수익(1~5년):

(4.40) $G_{a:1\text{-}5} = G_{Pro\ KWh} \cdot E_{WKA/a}$

(4.41)
$$G_{a:1-5} = 5.732\ \dfrac{ct}{kWh} \cdot 1.2\ Mrd\ kWh = 0.05732\ \dfrac{€}{kWh}$$
$$\cdot 1.2\ Mrd\ kWh$$

(4.42) $G_{a:1\text{-}5} = 68.88\ Mio\ €$

나머지 15년은 기본 구매가로 계산한다.

kWh당 수익:

(4.43) $G_{Pro\ KWh} = E_{EEG\ Vergütung} - K_{Stromgestehung}$

(4.44)
$$G_{pro\ kWh} = 4.87\ \dfrac{ct}{kWh} - 3.198\ \dfrac{ct}{kWh} = 1.672\ \dfrac{ct}{kWh}$$

내륙 풍력 단지의 연간 수익(6~20년):

(4.45) $G_{a:6\text{-}20} = G_{Pro\ KWh} \cdot E_{WKA/a}$

(4.46)
$$G_{a:6-20} = 1.672\ \dfrac{ct}{kWh} \cdot 1.2\ Mrd\ kWh = 0.00903\ \dfrac{€}{kWh}$$
$$\cdot 1.2\ Mrd\ kWh$$

(4.47) $G_{a:6\text{-}20} = 20.06\ Mio\ €$

총 사용 기간 동안 내륙 풍력 단지의 수익:

총 사용 기간 동안 내륙 풍력 단지의 수익은 서로 다른 연도들에서 얻는 수익을 합해서 계산한다.

(4.48) $G_{a:1\text{-}5} \cdot 5 + G_{a:6\text{-}20} \cdot 15$

(4.49)　$G = 68.88\ Mio\ € \cdot 5 + 20.06\ Mio\ € \cdot 15$
$$= 645.3\ Mio\ €$$

해상 풍력 단지

처음 8년은 인상된 초기 구매가로 계산한다.

인상된 초기 구매가: 19ct/kWh

kWh당 수익:

(4.50)　$G_{Pro\ KWh} = E_{EEG\ Vergütung} - K_{Stromgestehung}$

(4.51)　$G_{pro\ kWh} = 19\dfrac{ct}{kWh} - 4.11\dfrac{ct}{kWh} = 14.89\dfrac{ct}{kWh}$

해상 풍력 단지의 연간 수익(1~8년):

(4.52)　$G_{a:1\text{-}8} = G_{Pro\ KWh} \cdot E_{WKA/a}$

(4.53)

$$G_{a:1-8} = 14.89\dfrac{ct}{kWh} \cdot 1.68\ Mrd\ kWh = 0.1489\dfrac{€}{kWh}$$
$$\cdot 1.68\ Mrd\ kWh$$

(4.54)　$G_{a:1\text{-}8} = 250.15\ Mio\ €$

9년에서 12년까지는 초기 구매가로 계산한다.

kWh당 수익:

(4.55)　$G_{Pro\ KWh} = E_{EEG\ Vergütung} - K_{Stromgestehung}$

(4.56)　$G_{pro\ kWh} = 15\dfrac{ct}{kWh} - 4.11\dfrac{ct}{kWh} = 10.89\dfrac{ct}{kWh}$

해상 풍력 단지의 연간 수익(9~12년):

(4.57)　$G_{a:9\text{-}12} = G_{Pro\ KWh} \cdot E_{WKA/a}$

(4.58)

$$G_{a:9-12} = 10.89\dfrac{ct}{kWh} \cdot 1.68\ Mrd\ kWh = 0.1089\dfrac{€}{kWh}$$
$$\cdot 1.68\ Mrd\ kWh$$

(4.59)　$G_{a:9\text{-}12} = 182.95\ Mio\ €$

13년에서 20년까지는 기본 구매가로 계산한다.

kWh당 수익:

(4.60)　$G_{Pro\ KWh} = E_{EEG\ Vergütung} - K_{Stromgestehung}$

(4.61)　$G_{pro\ kWh} = 3.5\dfrac{ct}{kWh} - 4.11\dfrac{ct}{kWh} = -0.61\dfrac{ct}{kWh}$

해상 풍력 단지의 연간 수익(13~20년):

(4.62)　$G_{a:13\text{-}20} = G_{Pro\ KWh} \cdot E_{WKA/a}$

(4.63)

$$G_{a:13-20} = -0.61\dfrac{ct}{kWh} \cdot 1.68\ Mrd\ kWh = -0.0061\dfrac{€}{kWh}$$
$$\cdot 1.68\ Mrd\ kWh$$

(4.64)　$G_{a:13\text{-}20} = 10.25\ Mio\ €$

총 사용 기간 동안 해상 풍력 단지의 수익

총 사용 기간 동안 해상 풍력 단지의 수익은 서로 다른 연도들에서 얻는 수익을 합해서 계산한다.

(4.65)　$G_{a:1\text{-}8} \cdot 8 + G_{a:9\text{-}12} \cdot 4 + G_{a:13\text{-}20} \cdot 8$

(4.66)　$G = 250.15\ Mio\ € \cdot 8 + 182.95\ Mio\ € \cdot 4$
$$+ [(-10.25) \cdot 12] = 2638\ Mrd\ €$$

이윤율 계산

내륙 풍력 설비 연간 평균 수익:

(4.67)　$G_{durch.\ pro\ Jahr} = \dfrac{G}{n}$

(4.68)　$G_{durch.\ pro\ Jahr} = \dfrac{645.3\ Mio\ €}{20} = 32.27\ Mio\ €$

이윤율

(4.69)　$R = \dfrac{G_{durch.\ pro\ Jahr}}{K_{Investition}}$

(4.70)　$R = \dfrac{32.27\ €}{550\ Mio\ €} = 6\,\%$

해상 풍력 설비 연간 평균 수익

(4.71)　$G_{durch.\ pro\ Jahr} = \dfrac{G}{n}$

(4.72)　$G_{durch.\ pro\ Jahr} = \dfrac{2638\ Mio\ €}{20} = 131.9\ Mio\ €$

이윤율

(4.73)　$R = \dfrac{G_{durch.\ pro\ Jahr}}{K_{Investition}}$

(4.74)　$R = \dfrac{131.9\ Mio\ €}{990\ Mio\ €} = 13\,\%$

결론

해상 풍력 단지의 평균 이윤율은 일반적으로 내륙 풍력 단지보다 높다.

해상 풍력 단지의 투자 비용이 높기는 하지만 구매가 역시 높다. 분명한 것은 해상 풍력 단지는 가동한 지 12년째부터 손실을 본다는 것이다. 그렇지만 이 손실은 해상 풍력 단지가 경제적으로 잘 작동하게 되면 높은 초기 구매가를 통해 보상받을 수 있다. 그 밖에 분명한 것은 해상 풍력 단지가 풍력발전 단지보다 두 배나 높은 이윤율을 보인다는 것이다. 해상 풍력 단지의 평균 이윤율은 10~15%에 이르고 있다.

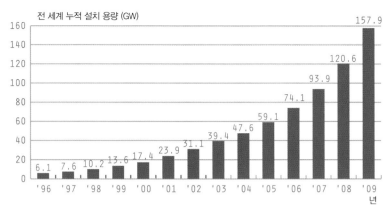

그림 4.18 전 세계 풍력발전 누적 설치 용량(1996~2009) (GWEC 2010 참조하여 작성)

4.6 │ 시장 분석

풍력에너지는 2008년부터 2010년까지 가장 크게 성장한 에너지원으로서 전 세계적으로 성공했다. 전 세계 풍력발전의 용량은 지난 4~5년 동안 두 배 이상 증가했다(그림 4.18). 풍력발전 용량은 2005년의 59.091GW에서 197.039GW로 성장했다(BMU 2010a, BMU 2009c, Bundesverband Windenergie e.V. 2010b, Global Wind Energy Council(GWEC) 2010, Neddermann 2010, Wind Energy Association 2009).

풍력발전 설비 시장은 그동안 꾸준히 성장해 왔다. 2008년 한 해만도 42%나 증가해서 총용량 26.282GW를 기록했다(그림 4.19). 2008년도에 설치된 용량을 1998년도 세계 시장 규모(2.520GW)와 비교해 보면, 1998년의 용량이 2008년 용량의 10분의 1에도 미치지 못한다는 것을 알 수 있다.

새로 가동에 들어간 원자력발전소와의 비교도 흥미롭다. 2008년에는 원자력발전소가 1기도 가동되지 못했다(BMU 2010a, BMU 2010c, Global Wind Energy Council 2008, Neddermann 2010, Wind Energy Association 2009).

풍력발전기 시장에서 세계 선도 주자는 중국과 미

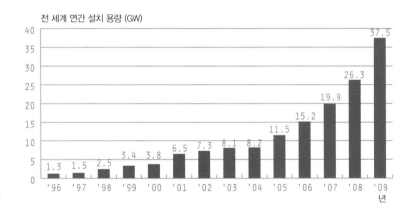

국이다. 중국은 아시아에서 2위인 인도에 앞서 선두를 차지하고 있고, 세계적으로도 미국을 1위 자리에서 내몰았다(BMU 2010a, BMU 2010c, Global Wind Energy Council 2008, Neddermann 2010, Wind Energy Association 2009). 그림 4.20과 표 4.7에서 이런 경향을 분명히 볼 수 있다.

선두 자리의 변동만이 아니라 전체 풍력발전기 제작과 설치국들의 분포도 바뀌었다. 예를 들면 총 설치 용량에서 개척자로서의 선도적 지위를 차지하고 있던 덴마크가 10위로 떨어졌다(BMU 2010a, BMU 2010c, GWEC 2008, Neddermann 2010, Wind Energy Association 2009). 2007년에 전체 세계 시장의 80%를 차지하고 있던 시장이 5개였는데, 2008년에는 8개가 되었다. 두드러지는 점은 2010년에 판매된 전체

그림 4.19
전 세계 풍력발전의
연간 설치
용량(1996~2009)
(GWEC 2010 참조하여
작성)

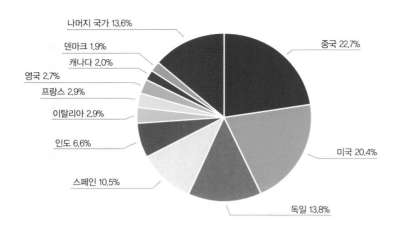

그림 4.20 2010년 12월, 전 세계 상위 10개국의 풍력발전 누적 용량
(GWEC 2011 참조하여 작성)

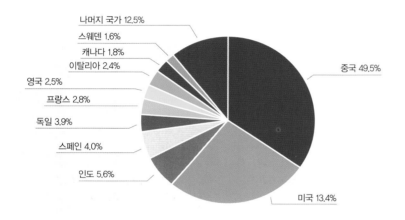

그림 4.21
2010년 1월~12월,
전 세계 상위
10개국에서 새로
설치된 풍력발전
용량(GWEC 2011
참조하여 작성)

국가	MW	%
중국	44 733	22.7
미국	40 180	20.4
독일	27 214	13.8
스페인	20 676	10.5
인도	13 065	6.6
이탈리아	5797	2.9
프랑스	5660	2.9
영국	5204	2.7
캐나다	4009	2.0
덴마크	3752	1.9
상위 10개국 총계	170 290	86.4
나머지 국가	26 749	13.6
전 세계 총계	197 039	100

표 4.7 2010년 12월, 상위 10개국의 풍력발전 누적 용량(GWEC 2011 참조하여 작성)

국가	MW	%
중국	18 928	49.5
미국	5115	13.4
인도	2139	5.6
스페인	1516	4.0
독일	1493	3.9
프랑스	1086	2.8
영국	0962	2.5
이탈리아	0948	2.4
캐나다	0690	1.8
스웨덴	0604	1.6
상위 10개국 총계	33 480	87.5
나머지 국가	4785	12.5
전 세계 총계	38 265	100

표 4.8 2010년 1월~12월, 상위 10개국에서 새로 설치된 풍력발전 용량(GWEC 2011 참조하여 작성)

풍력발전기의 49.5%를 중국이 차지하고 있다는 것이다(BMU 2010a, BMU 2010c, GWEC 2008, Neddermann 2010, Wind Energy Association 2009).

풍력발전이 점차 다양화되고 있음을 보여 주는 지점이 또 있다. 2007년에 13개의 시장이 총용량 1000MW 이상이었고 24개의 시장이 총용량 100MW 이상이었는데, 1년 뒤인 2008년에는 1000MW 이상이 16개 시장으로 늘어났고 100MW 이상은 32개 시장으로 늘어났다는 점이다. 그 사이 76개 국가들이 상업용을 기반으로 풍력에너지를 활용하고 있다(BMU 2010a, BMU 2010c, GWEC 2008, Neddermann 2010, Wind Energy Association 2009).

수력의 발생

물은 지구 표면의 71%를 덮고 있다. 14억 km³의 물이 지구에 있으며, 이 중 97.4%가 소금물이고 2.6%가 민물이다(Maniak 2005). 그 민물 가운데 약 4분의 3이 극지방 얼음과 빙하에 갇혀 있고 나머지는 주로 지하수와 토지 수분으로 담겨 있다.

태양열을 받아 약 98%의 물이 액체 상태로 있다. 연평균 태양으로 인한 가열로 약 980L/m²의 물이 기화되는데 연간 총량은 약 50만 km³이다(Quaschning 2009). 태양은 기화 과정에서 공기 중으로 상승하는 수증기에 함유된 위치 에너지를 제공한다. 기화된 물의 일부는 육지나 산 또는 고지대에 비나 눈으로 떨어진다(Bogomolov 1958, Maniak 2005, Wittenberg 2011). 이 물은 강을 거쳐 바다로 들어간다. 물은 바다로 흘러가는 동안 태양에너지에 의해 저장된 위치 에너지 일부를 다시 내놓게 된다. 바다로 흘러가는 물의 위치 에너지는 높이 차로 시냇물이나 강가에서 이용할 수 있는 수력으로 바뀐다. 세계적으로 연간 11만 2000km³의 비가 육지로 내리지만 이는 전체 강우량의 4분의 1밖에 되지 않고 나머지는 바다로 내린다(Bogomolov 1958, Maniak 2005, Wittenberg 2011).

22만 5000km³의 물이 지구의 강과 호수에 담겨 있다. 그러나 이것은 전체 지구 위에 존재하는 물의 0.02%일 뿐이다. 그럼에도 이 물에 160엑사줄(Exa Joule: 10^{18}Joule)의 에너지가 들어 있다. 이는 2007년도 전 세계 에너지 수요의 3분의 1에 해당한다(Good Energies 2010).

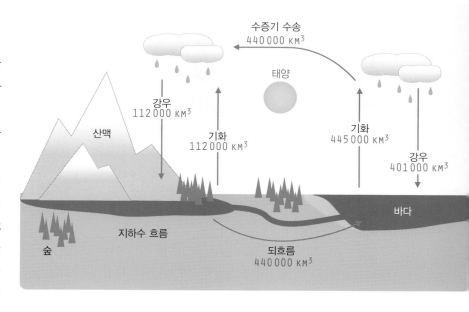

그림 5.2
**지구 위의 물순환
원리**(Quaschning 2009
참조하여 작성)

수력발전소의 에너지 획득량은 물이 흐르는 형태와 직접 연관된다. 이는 다시 단위시간당 터빈을 흐르는 물의 양(m³/s 단위의 부피 흐름)과 수력발전소를 통과하는 동안 물이 넘어야 하는 높이 차에 의해 결정된다. 물의 공급 자체는 강우와 녹는 물의 양에 따라 달라진다(Quaschning 2009).

시냇물과 강을 흐르는 물은 전 지구적인 물순환의 일부로, 이 물순환은 태양복사에 의해 이루어진다. 그런데 물을 이용 가능한 에너지 매체로 만드는 또 다른 1차 에너지 전달자들이 있다. 예를 들어 조력발전은 썰물과 밀물의 힘을 이용한다.

밀물과 썰물은 태양, 달, 지구 사이의 인력 작용에 의해 발생한다. 달과 태양의 중력으로 바다에서 물이 12시간 주기로 운동을 하는 것이다. 주기 운동이 늘

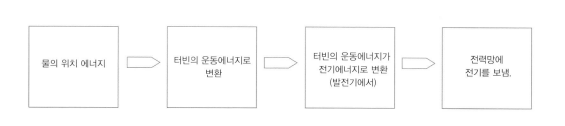

그림 5.3
**수력발전에서의
에너지 변환**

같은 것은 아니어서 어떤 주기인가에 따라 썰물과 밀물의 차는 1~10m에 이른다(Koch 2003, Quaschning 2009).

5.2 수력의 이용

수력발전기와 발전소의 구조와 구성 형식

수력발전소는 계곡으로 흘러내리는 물이 넘어야 하는 높이 차이를 이용한다. 즉, 터빈 위쪽에 있는 수면인 상층 저수와 터빈 아래쪽에 있는 수면인 하층 저수가 있다. 상층과 하층 수면의 높이 차가 낙차인데 이를 '이용 가능 차'라고 한다(Reutter 2003).

물은 가능한 한 높은 곳에 가두었다가 유입구를 거쳐 터빈으로 주입되도록 한다. 그러면 이어 '하층 저수'로 흘러 나가게 된다. 물의 위치에너지는 낙차에 의해 결정된다. 댐으로부터 유입구로 들어와 낮은 곳으로 떨어지면 물의 위치에너지는 운동에너지로 변하고 이 운동에너지가 터빈을 돌리게 된다. 터빈의 회전운동은 다시 에너지를 발전기로 전달하고 발전기는

역학 에너지를 전기에너지로 바꾼다(Schwister 2009, Zahoransky 2007). 수력발전소에서 나오는 전기의 전압이 계통 전력망의 전압과 맞지 않으면 변압기를 통해 전기에너지를 전력망 전압으로 변압시켜야 한다(Watter 2009, Zahoransky 2007). 소형 수력발전기도 있어서 여기에 직접 기계를 연결해 돌리거나, 이를 통해 제재소와 같은 작은 공장에 전기를 공급하게 할 수도 있다(Kaltschmitt et al. 2003).

수력발전 설비는 낙차에 따라 구분한다. 20m까지의 낙차를 이용하는 발전소를 저압 발전소라고 하고 주로 기저부하 공급에 이용된다(Reutter 2003, Zahoransky 2007). 20~100m의 낙차를 이용하는 수력발전소를 중압 발전소라 하는데 이는 기저부하와 중간부하 공급에 투입된다(Reutter 2003, Quaschning 2009). 고압 발전소는 낙차 100~2000m를 이용하는 발전소이며, 대개는 첨두부하 공급에 이용된다(Kaltschmitt et al. 2003, Pálffy et al. 1998, Quaschning 2009, Reutter 2003).

구성 요소

유입구

유입구는 상층 저수부와 터빈 주입부를 연결한다

그림 5.4
수력발전소의
구조(Noack 2003,
Universität Kassel
2009)

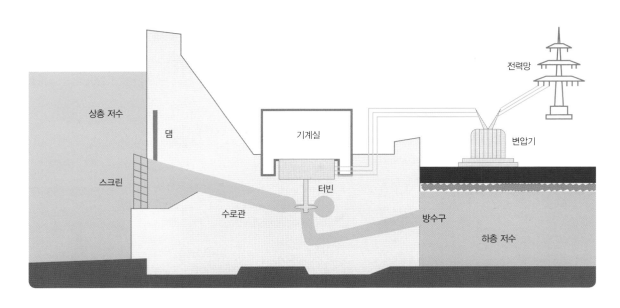

(Kaltschmitt et al. 2003). 대개 유입구 앞에는 부유물이 발전 설비에 닿지 않도록 석쇠 망 형태를 한 스크린이 있다(그림 5.4). 대형 설비에서는 특수 문으로 물의 유입을 막는데, 이것은 수리 작업을 할 때 필요하다(Kaltschmitt et al. 2003, Pálffy et al. 1998, Quaschning 2009).

수로관

유입구와 터빈 사이의 연결은 대개 개방형 취수도관이나 압력 수로관으로 한다(그림 5.4). 낙차가 작은 발전소에서는 물을 직접 유입구에서 터빈으로 흘려보내기도 한다(Kaltschmitt et al. 2003, Noack 2003, Zahoransky 2007).

물이 상층 저수로부터 압력 수로관을 통해 터빈으로 흐를 때 되도록 손실이 적게 물의 흐름이 일어나야만 한다. 그래서 압력 수로관은 단면이 충분히 커야하고 수력학적으로 유리한 모양을 하고 있어야 한다(Kaltschmitt et al. 2003).

대형 설비를 시동하거나 멈출 때, 또는 부하 교체가 일어날 때 압력 변동이 심하게 일어난다. 이 변동을 줄여야만 하는데, 그렇지 않으면 압력관이 파괴되어 버릴 수도 있다. 그래서 압력관 앞에 소위 수압 조정 수조를 설치한다(Kaltschmitt et al. 2003, Noack 2003, Pálffy et al. 1998, Quaschning 2009, Zahoransky 2007).

K 5.1 펠톤 터빈

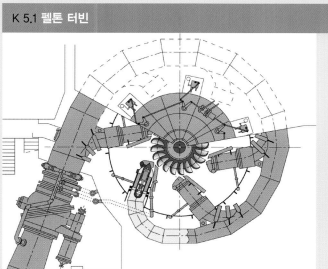

그림 5.5 6개의 인젝터를 지닌 펠톤 터빈 도면(왼쪽)과 펠톤 터빈 사진(오른쪽)

L. A. 펠톤은 1848년에 자신의 이름을 딴 펠톤 터빈을 개발했다. 이 터빈은 자유방사 터빈 또는 컵 터빈으로도 불린다.

작동 방식

점점 좁아지는 관을 통해 여러 개의 노즐을 거친 물이 수차의 버킷에 압력을 가하고 이로부터 회전운동이 일어나게 된다(Reutter 2003, Zahoransky 2007). 왼쪽 도면은 6개의 노즐이 달린 펠톤 터빈(붉은색)으로, 유입관에 6개의 조절 가능한 노즐이 달려 있다. 노즐의 측면도 볼 수 있

다. 노즐에는 각각 방사 전향 장치가 하나씩 달려 있다. 위쪽에는 기계 장치가 달린 덮개 일부로 보이는 것이 있다(Bührke/Wengenmayr 2007, Voith Siemens Hydro Power Generation 2009a).

낙차	출력	효율
550~2000m	500MW까지	90% 이상

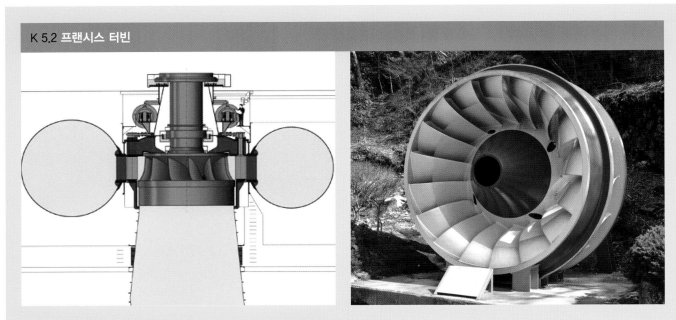

그림 5.6 프랜시스 펌프 터빈 도면(왼쪽)과 사쿠마 발전소 프랜시스 터빈 사진(오른쪽)

J. B. 프랜시스가 1849년에 프랜시스 터빈을 발명했다.

작동 방식

터빈에는 날개차와 날개깃이 있다. 날개차는 나선형 집에 들어 있으며 고정되어 있다. 날개차는 옆으로 비스듬하게 달린 국자 모양의 구조물을 부착한 둥그런 테로 되어 있다. 물은 나선형 집으로 밀려 들어와 날개차의 국자 구조물로 방향이 바뀌어서 적정한 각도를 이루어 날개깃으로 흘러가게 된다. 프랜시스 터빈에서는 물이 어느 방향에서든 원을 그리며 날개깃으로 흘러 들어간다. 이어 물은 날개깃을 통과해 아래로 흘러 내려간다(Reutter 2003, Zahoransky 2007).

왼쪽의 도면은 튀링겐에 있는 골디스탈 양수 발전소의 프랜시스 펌프 터빈을 보여 준다. 물은 날개차 장치(녹색)를 거쳐 원형으로 터빈으로 흘러 들어가고 '흡입관'을 거쳐 아래로 흘러 내려간다(Bührke/Wengenmayr 2007, Voith Siemens Hydro Power Generation 2009b).

낙차	출력	효율
800m까지	750MW까지	90%까지

압력관은 대부분 각각의 관의 단면을 서로 용접해 붙인 강철관으로 구성된다(Kaltschmitt et al. 2003). 물이 이 통로를 따라 흘러가도록 되어 있기 때문에 이 압력관은 "…수력학적인 요구에 따라 강철 시멘트 외관 혹은 고압 설비에서는 특별히 강철 갑옷을 두르게 된다."(Kaltschmitt et al. 2003: 346) PVC로 된 플라스틱관이나 고정 고리가 달린 나무로 된 관은 소형 수력발전에만 사용된다(Kaltschmitt et al. 2003, Pálffy et al. 1998, Quaschning 2009).

기계실

기계실 또는 작업실에서는 **그림 5.4**와 같이 터빈, 경우에 따라서는 기어, 발전기와 조정 설비들을 볼 수 있다. 기계실에 변압 장치에 달린 변압기와 압력관에 필요한 잠금 기관들이 있는 수력발전소도 있다(Kaltschmitt et al. 2003, Noack 2003, Quaschning 2009, Zahoransky 2007).

터빈

터빈은 수차의 후신이다. 터빈은 들어오는 물의

에너지를 회전운동으로 바꾸고 이를 발전기에 전달한다. 낙차와 밀려 들어오는 물의 양이 다르기 때문에 각각의 용도에 따라 가장 알맞은 터빈이 이용된다(Kaltschmitt et al. 2003, Pálffy et al. 1998, Quaschning 2009, Reutter 2003). 즉, 터빈은 다양한 구조로 제작되는데 이는 낙차와 밀려 들어오는 물의 양에 따라 서로 다른 수압과 속도가 발생하기 때문이다(Kaltschmitt et al. 2003, Reutter 2003). 원리적으로 터빈은 동일 압력 터빈(작용 터빈)과 상압력 터빈(반동 터빈)으로 구분된다.

동일 압력 터빈에서는 터빈 앞과 뒤에서의 압력이 똑같으며, 이 압력은 대기압과 거의 비슷하다(Kaltschmitt et al. 2003). 동일 압력 터빈은 물의 운동에너지를 이용한다. 펠톤 터빈, 터고 터빈, 그리고 오스베르거 터빈과 관류 터빈이 여기에 속한다. "현재 이용 가능한 최대 출력은 펠톤 터빈에서 얻을 수 있는 단위당 약 500MW이다."(Kaltschmitt et al. 2003: 347) 상압력 터빈에서는 터빈으로 들어오기 전의 압력이 나중의 압력보다 높다.

압력은 위치에너지의 한 형태로 이는 터빈 안에서 운동에너지로 변환된다. 상압력 터빈은 동일 압력 터빈과 달리 동력학적 에너지와 압력의 위치에너지를 운동에너지로 변환한다(Quaschning 2009).

프랜시스 터빈과 프로펠러 터빈, 카플란 터빈, 스

K 5.3 카플란 터빈

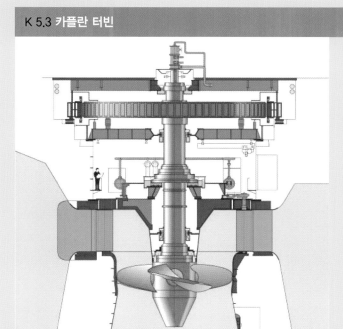

그림 5.7 발전기가 달린 카플란 터빈 도면(왼쪽)과 카플란 터빈 사진(오른쪽)

카플란 터빈의 발명자는 V. 카플란 교수로, 1913년에 프로펠러 터빈 특허 신청을 했다.

작동 방식
터빈의 국자 구조물(버킷)은 회전축에 비스듬하게 배열되어 있다. 물은 축의 방향을 따라 버킷으로 들어간다(Reutter 2003, Zahoransky 2007). 왼쪽 도면은 발전기가 달린 가로누운 카플란 터빈을 보여 준다. 물은 위쪽에서 측면으로 날개차 장치(녹색)를 통과해 터빈 아래쪽으로 흘러 나간다(Bührke/Wengenmayr 2007, Voith Siemens Hydro Power Generation 2009c).

낙차	출력	효율
200m까지	125MW까지	95%까지

트라플로 터빈이 상압력 터빈에 속한다. 이 중 프랜시스 터빈과 카플란 터빈이 최대 출력에 도달하였다. 카플란 터빈에서는 단위당 약 500MW 출력에 이르렀으며, 프랜시스 터빈에서는 1000MW 출력에까지 이르고 있다(Kaltschmitt et al. 2003). 효율은 터빈의 종류와 크기에 따라 달라서 정격출력에서는 85~93%의 효율을 보인다. 터빈은 낙차가 1m인 곳부터 약 2000m인 곳까지 이용할 수 있다(Kaltschmitt et al. 2003, Noack 2003, Quaschning 2009, Reutter 2003, Zahoransky 2007).

파동 결합과 기어

전기를 생산하는 발전기는 특정 회전수와 특정 토크(축 둘레 힘의 모멘트)를 필요로 한다. 터빈이 이 값을 발전기에 전달할 때 두 파동이 결합할 수 있다(파동의 결합). 이 경우 토크는 변하지 않는다. 그러나 종종 터빈의 토크와 회전수를 다른 값으로 바꿔야 할 경우가 생기는데, 예를 들면 빠르게 돌아가는 작은 발전기를 사용하고 싶을 때이다. 이때는 터빈과 발전기 사이에 기어를 사용해야만 한다(Kaltschmitt et al. 2003).

터빈의 효율은 정격출력에서 95~98%이다(Kaltschmitt et al. 2003, Noack 2003, Quaschning 2009, Zahoransky 2007).

발전기

발전기는 역학 에너지를 전기에너지로 바꾸는 역할을 맡는다. 발전기의 회전자(로터)는 터빈과 동일한 파형에 있게 된다. 회전자는 고정자 내에서 회전한다. 회전자와 고정자 사이에는 자기장이 있어서 회전자의 회전에 따라 변하게 된다. 이 변화는 전압을 만들어 낸다(Voith Siemens Hydro Power Generation 2009d). 풍력발전기와 마찬가지로 수력발전 설비에서도 동기 발전기와 비동기 발전기가 이용된다. 따로 떨어져 운영되는 발전 설비에서는 동기 발전기를 이용한다. 또한 수력발전 설비의 출력을 공공 전력망에 따라 조정할 필요가 있을 때에도 동기 발전기를 사용한다(Freitag 2007, Kaltschmitt et al. 2003, Pálffy et al. 1998, Zahoransky 2007). 간단한 구성의 비동기 발전기는 연계된 전력망 내에서만 이용될 수 있고 이 전력망으로부터 발전기는 시동 전기를 받게 된다. 효율은 소형 수력발전 설비에서는 90~95%이고 대형 수력발전 설비에서는 95~99%에 이른다(Freitag 2007, Kaltschmitt et al. 2003, Quaschning 2009).

변압기

변압기의 임무는 4장 '풍력발전' 부분에서 간략하게 서술한 바 있다. 변압기는 풍력발전과 마찬가지로 수력발전 설비에서도 수력발전소와 전력망의 전압 수준이 서로 다를 때에만 이용된다. 변압기는 기계실에 장착될 수도 있고 수력발전소 외부에 놓일 수도 있다(Gottschall 2010, Kaltschmitt et al. 2003, Quaschning 2009).

5.3 수력발전소

전통적이면서 가장 많이 이용되는 수력발전소가 유수 발전소, 저수 발전소 및 양수 발전소이다. 이 밖에도 조력발전, 조류발전과 파력발전이 존재하긴 하지만 이들은 아직까지는 상업적으로 이용되지 못하고 연구를 위한 시범 프로젝트로 이용되고 있을 뿐이다(Zahoransky 2007, Reutter 2003).

유수 발전소

유수 발전소는 실제 강바닥에 설치된다. 이런 형태의 발전소에서는 강물이 터빈을 통해 흘러 나가게 된다. 제방 때문에 강물의 역류 정체가 발생하게 되고, 이를 통해 유출량과 낙차가 커지게 된다. 터빈은 이 위치에너지를 역학적인 회전운동으로 변환하고 이는 다시 기어를 거쳐 전기 발전기를 돌리게 된다. 마지막으로 변압기가 발전기의 전압을 전력망의 전압으로 변환한다(Agentur für Erneuerbare Energie 2010, Bührke/Wengenmayr 2007, DENA 2010a, Reutter 2003).

유수 저압 발전소와 중압 발전소가 있다. 이 발전소는 기저부하와 중간부하 공급을 담당한다(Kaltschmitt et al. 2003, Quaschning 2009).

저수 발전소

저수 발전소에서는 제방 댐이 저수조에 상층의 물을 가둬 두고 필요한 압력을 제공하면서 물의 흐름이 균일하게 이루어지도록 하는 역할을 한다. 제방 높이는 유수 발전소와 달리 수백 미터에 이르기도 한다. 물론 제방 높이를 단 몇 미터로 할 수도 있다. 저수 발전소에서는 물이 유입구를 거쳐 압력관으로 들어가고 이어 기계실에 있는 터빈에 도달하게 된다(Bührke/Wengenmayr 2007, DENA 2010a, Kaltschmitt et al. 2003, Quaschning 2009, Reutter 2003).

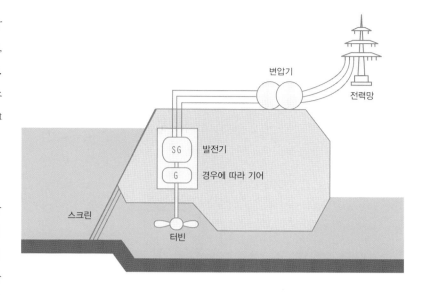

그림 5.8
유수 발전의 구성
도면(Quaschning 2009
참조하여 작성)

이타이푸 저수 발전소

이타이푸(Itaipu) 저수 발전소는 세계에서 가장 인상적인 수력발전소 중 하나이다. 브라질과 파라과이 사이에 위치한 이타이푸 저수 발전소는 현재 정격출력이 1만 4000MW에 이르러 1만 8200MW의 정격출

그림 5.9
스위스 국경 근처의
알브브룩–도거른
라인 발전소 제방
설비(출처: RWE 2010)

그림 5.10
브라질과 파라과이
국경에 위치한
이타이푸 발전소의
모습(출처: iStockphoto
2010, pkujiahe)

력을 보이는 중국의 싼샤 댐 발전소에 이어 세계에서 두 번째로 큰 수력발전소이다(Borsdorf/Hoffert 2003, Bührke/Wengenmayr 2007).

이타이푸 발전소는 1975~1991년에 브라질과 파라과이 국경 지역 리오 파라나에 건설되었고, 현재 20개의 프랜시스 터빈이 돌아가고 있다. 2004년까지는 18개의 터빈이 장착되어 정격출력이 1만 2600MW에 이르렀다(Borsdorf/Hoffert 2003). 그 후 두 개의 터빈이 정비 과정에서 증축되어 생산된 에너지를 일정하게 유지해 주고 있다. 제방으로 생긴 호수는 독일 보덴 호수보다 약 세 배나 더 크다. 총 건설 비용으로는

180억 미국 달러가 들었다. 2000년에는 18개의 터빈으로 생산된 전기에너지가 총 93.428TWh에 이르러 놀라운 수치를 기록했다(Borsdorf/Hoffert 2003). 그해 이 발전소는 브라질 전기 수요의 24%, 파라과이 전기 수요의 95%까지 공급했다(Quaschning 2009). 이 같은 규모의 발전소 6개로는 독일 전체에서 필요한 전기보다 더 많은 전기를 생산할 수 있다.

이타이푸 발전소와 같은 저수 발전소는 파라과이와 브라질 전기 수요의 대부분을 이산화탄소 배출 없이 충당할 수 있지만 논란거리 또한 가져온다(Bührke/Wengenmayr 2007, Greenpeace/EREC 2007). 왜냐

표 5.1
이타이푸 발전소 기술
자료와 보덴 호수의
크기 비교
(출처: Quaschning
2009, Statistisches
Monatsheft Baden-
Württemberg 8/2008)

저장조	댐	발전기	보덴 호수
수조 면적 1350km²	최대 높이 196m	20기(각 10기 50Hz와 60Hz)	표면적 536km²
확장 170km	총길이 7760m	정격출력 기당 715MW	최대 확장 63km
부피 29km³	콘크리트 부피 810만 m³	기당 중량 3343톤 또는 3242톤	부피 48km³

하면 이런 규모의 발전소는 자연에 대한 심각한 침해를 의미하기 때문이다. 수만 명이 집을 버리고 이주를 해야 하는 것은 물론 수천 마리의 동물도 생활공간을 잃어버리게 된다. 이타이푸 발전소 건설을 위해 470km²의 아열대 우림을 벌목해야만 했다. 과이라에 있는 세테 퀘다스 폭포도 파괴되었다. 이 폭포는 세계에서 가장 아름다운 폭포 중 하나였다(Borsdorf/Hoffert 2003, Quaschning 2009).

양수 발전소

양수 발전소는 자연적으로 공급되는 물을 이용하는 것이 아니라 첨두부하 시에 필요한 에너지를 저장하는 데 이용된다. 전기에너지가 과잉 공급되거나 과잉 생산될 때 펌프를 돌리기 위해 과잉 전기에너지를 이용한다. 이 펌프는 아래쪽의 물을 더 높은 곳에 있는 수조로 올리는 데 쓰인다. 전기가 더 필요하게 되면 유수 발전소에서처럼 위쪽 수조의 물을 압력관을 거쳐 아래쪽 수조에 있는 터빈으로 되돌려 보낸다(Bührke/Wengenmayr 2007, DENA 2010a, Quaschning 2009, Reutter 2003).

양수 발전소는 원래 재생가능에너지 설비가 **아니다**. 추가적으로 자연적인 물의 흐름이 있는 설비만을 재생가능에너지 설비라고 할 수 있다. 그럼에도 양수 발전은 미래 전력망에서 주요한 전략적 요소이다. 효율적인 저장 가능성이 미래 전력망에서 매우 중요한 의

미를 갖기 때문이다(2.5 '지능형 전력망-스마트 그리드' 참조).

양수 발전의 또 다른 이용 가능성은 "무효전력을 보완하는 과정에서 주파수를 유지하거나 위상변이용으로 투입될 수 있다는 것과, 극도의 출력 변동을 빠르게 정상 상태로 돌려놓기 위해서 투입될 수 있다는 것이다."(Quaschning 2009: 276)

양수 발전의 효율은 77% 이상을 보이고 있으며, 현대 양수 설비에서는 80% 이상의 효율도 기대할 수 있

그림 5.11
양수 발전소(DENA
2010 참조하여 작성)

변수	크기
상층 저수조 이용 부피 V	120억 m³
평균 낙차 h_p	302m
정격출력	1060MW
일 능력(8시간 완전 부하로)	8480MWh
효율	85%

표 5.2 튀링겐 골디스탈 양수 발전소 기술 자료
(출처: Quaschning 2009)

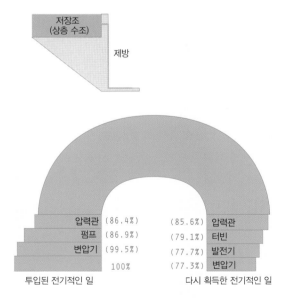

그림 5.12 양수 발전 설비의 손실과 효율
(Zahoransky 2007 참조하여 작성)

다(그림 5.12, Bührke/Wengenmayr 2007, DENA 2010a, Quaschning 2009, Reutter 2003, Zahoransky 2007).

독일에서 가장 규모가 큰 양수 발전 설비는 튀링겐의 골디스탈에 있다(Bührke/Wengenmayr 2007). 이 설비는 2004년부터 가동되어 현재 출력이 1060MW이다(Quaschning 2009).

조력발전소

조력발전소는 썰물과 밀물이 바뀌면서 발생하는 위치에너지를 이용해 전기에너지를 생산한다. 밀물과 썰물 교차에서 발생하는 수면의 높이 차(조수 간만의 차)를 이용해 만조 때의 물을 댐 뒤쪽으로 막아 둔다. 흘러 들어온 물을 이용해 터빈을 돌리고 이를 통해 전기를 생산한다. 그러려면 터빈은 위치를 조절할 수 있는 버킷을 장착하고 있어야 하는데, 이 버킷은 물이 흐르는 방향에 따라, 그리고 속도에 따라 조정할 수 있으며 이로써 양 방향에서 전기를 생산할 수 있게 된다. 물이 빠져나가는 썰물 때에 물은 다시 터빈을 가동하게 된다(Andreä 2006, Giesecke et al. 2009).

조력발전소를 경제적으로 가동하려면 밀물과 썰물 때의 조수 간만의 차가 5m 이상은 되어야 한다. 겨우 몇 군데만이 이에 적합한데, 만이나 하구에서나 이렇게 큰 높이 차가 날 수 있기 때문이다(Andreä 2006, Giesecke et al. 2009).

가장 유명한 조력발전소는 생말로 만의 랑스 강 하구에 있다. 프랑스 북서쪽에 있는 이 발전소는 세계 최초이자 최대 규모의 조력발전소이다. 1961년에 건설하기 시작해 1966년에 정격출력 240MW로 가동에 들어갔다(DENA 2011c).

조류발전소

조류발전소는 바다의 자연스러운 흐름을 이용해서 전기에너지를 생산한다. 발전소의 터빈은 풍력발전기의 로터와 같은 역할을 하는데 이 터빈은 물 아래에 위치해 있다. 조류의 흐름이 시속 7~9km가 되면 로터가 회전하면서 발전기를 돌려 전기를 생산한다. 조류 흐름의 변화에 따라 로터 날개가 조정되어 어느 방향으로도 전기가 생산될 수 있다(Andreä 2006, Giesecke et al. 2009).

2003년에 독일과 영국의 시범 프로젝트 'Seaflow'로 콘월 해안가의 조류발전소가 가동에 들어갔다. 그러나 조류발전소는 다른 재생가능에너지 설비 기술에 비해 여전히 경제성이 떨어진다. 이 설비는 정격출력이 300kW로 300가구에 전기를 공급할 수 있다. 현재 영국 정부, EU와 독일이 지원하는 프로젝트로 북아일랜드에 조류발전 설비 40기가 설치될 예정이다(Giese/Scheele 2006).

5.4 경제와 생태

수력은 현재 전 세계적으로 가장 중요한 전기 생산원으로 여겨진다(Quaschning 2009, Wengenmayr 2007, Agentur für Erneuerbare Energien 2010a). 나라마다 수력이 차지하는 비중은 지형학적인 이유로 큰 차이를 보인다. 수력발전소는 대부분 강물의 높은 유속을 이용한다. 따라서 자연적인 낙차가 있는 곳에 발전소가 세워질 수밖에 없다. 따라서 산맥이 있는 오스트리아 같은 나라에서는 적합하지만 네덜란드처럼 산이라곤 전혀 없는 곳에서는 가능하지 않다.

독일의 시장과 환경 분석

독일에서는 전체 전기 수요의 약 3.5%를 수력으로 충당하고 있다(Agentur für Erneuerbare Energien 2010a, Bundesverband Erneuerbarer Energien 2010a). 60년 전 독일의 수력 이용 비중은 20%였다. 수력 이용이 크게 확대된 건 사실이지만, 에너지 소비가 엄청나게 증가함에 따라 전기 생산에서 수력이 차지하는 비중은 줄어들었다(BMU 2010b, Quaschning 2009). 2009년에 수력에 의한 전기 생산은 190억 kWh로, 약

470만 가구의 에너지 수요를 충당하였다(Agentur für Erneuerbare Energien 2010a, BMU 2010b, Quaschning 2009).

독일에서는 전기 수요 공급에서 수력이 차지하는 비중이 정체 상태에 있다(BMU 2010b, Quaschning 2009). 이는 한편으로는 수력발전소 건설이 자연 파괴를 가져온다는 것과, 또 다른 한편으로는 독일은 다른 나라들에 비해 수력발전소를 지을 만한 산맥이 있는 지역이 적다는 점에서 비롯된다. 그럼에도 수력발전 업체들은 독일에서 수력발전소 확대 잠재량을 약 2000MW로 보고 있다. 이들에 따르면 수력발전(유수 발전과 저수 발전)의 기여도는 2007년 20.7TWh에서 2020년에 31.9TWh로 증가할 것이라고 한다. 이는 2020년 말까지 설치된 용량이 6500MW로 증가된다는 것을 뜻한다(Agentur für Erneuerbare Energien 2010a).

수생태적인 관점에서 이용 가능한 잠재량은 물론 기술적으로 실현 가능한 것보다 현저하게 낮다. 현재 설치되어 있는 설비들을 현대화하고 이를 통해 효율을 높이는 것, 그리고 소형 발전소를 건설하는 것이 실현 가능성이 더 높다(Das Energieportal 2007a). 물론 이들 소형 발전소를 가동하려면 비용이 많이 들어간다(BMU 2009c, Quaschning 2009). 이것은 다른 재생가능에너지와 마찬가지로 재생가능에너지법의 지원을 받을 수 있다(표 5.3 참조).

5MW 신형 발전소	
출력 비중	EEG 2009 매입가
500kW까지	12.67ct/kWh
500kW~2MW	8.65ct/kWh
2~5MW	7.65ct/kWh

5MW까지 현대화된/재생된 설비	
출력 비중	EEG 2009 매입가
500kW까지	11.67ct/kWh
500kW~2MW	8.65ct/kWh
2~5MW	8.65ct/kWh

5MW 이상의 새로 설치된 설비 혹은 개선한 설비	
출력 비중	EEG 2009 매입가
500kW까지	7.29ct/kWh
10MW까지	6.32ct/kWh
20MW까지	5.80ct/kWh
50MW까지	4.34ct/kWh
50MW부터	3.50

구매가 하향

5MW 이상의 수력발전 설비에 대해서는 EEG 2009에 따라서 5MW부터 1.0%씩. 5MW까지는 구매가 하향이 적용되지 않는다.

표 5.3
수력 전기 매입가 요약(EEG) (출처: BMU 2010a)

4대 거대 기업

독일에는 수많은 소형 에너지 공급업자들 외에 4

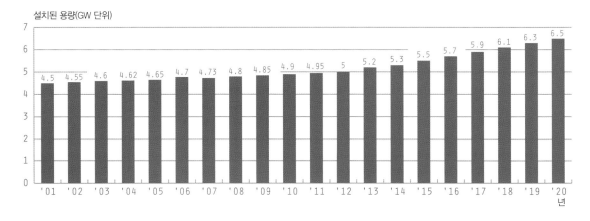

그림 5.13
2020년까지 독일에서 수력으로 생산되는 전기 예측
(유수 발전과 저수 발전)
(출처: Agentur für Erneuerbare Energien 2010a)

발전소	연방 주	송전 출력	정규 연도 연간 일량	발전소	연방주	송전 출력	정규 연도 연간 일량
알페르트	NRW	270kW	603 000kWh	니더하우젠	Rh-Pf	1900kW	5600 000kWh
발데니	NRW	9200kW	26 700 000kWh	오버마우바흐	NRW	640kW	3300 000kWh
베스트비히	NRW	300kW	480 000kWh	오베르나우	NRW	8kW	24 000kWh
비트부르크	Rh-Pf	420kW	1600 000kWh	올레프	NRW	1450kW	3000 000kWh
데쳄	Rh-Pf	24 000kW	112 000 000kWh	리베리스	Rh-Pf	4kW	15 000kWh
드론	Rh-Pf	5000kW	8000 000kWh	쇼이어펠트	Rh-Pf	700kW	2570 000kWh
엔키르히	Rh-Pf	18 400kW	84 000 000kWh	슈밤메나우엘	NRW	14 000kW	21 000 000kWh
에버스베르크	NRW	420kW	815 000kWh	슈타인헬레 1	NRW	2250kW	3829 000kWh
판켈	Rh-Pf	16 400kW	75 000 000kWh	슈타인헬레 2	NRW	240kW	349 000kWh
프라에놀	NRW	650kW	2167 000kWh	트리어	Rh-Pf	18 800kW	82 000 000kWh
하임바흐	NRW	16 000kW	25 000 000kWh	우엔트롭	NRW	443kW	828 000kWh
하임바흐-베어	NRW	750kW	4500 000kWh	운켈뮐레	NRW	420kW	1940 000kWh
호헨슈타인	NRW	1750kW	9073 000kWh	운터마우바흐	NRW	220kW	1500 000kWh
케트비히	NRW	5000kW	16 400 000kWh	펠메데	NRW	420kW	610 000kWh
코블렌츠	Rh-Pf	16 000kW	62 000 000kWh	브레덴	NRW	120kW	493 000kWh
레멘	Rh-Pf	20 000kW	86 000 000kWh	비머링-하우젠	NRW	976kW	1880 000kWh
마르스베르크	NRW	340kW	944 000kWh	빈트리히	Rh-Pf	20 000kW	90 000 000kWh
뮈덴	Rh-Pf	16 000kW	62 000 000kWh	첼팅엔	Rh-Pf	13 600kW	64 000 000kWh
네프	Rh-Pf	16 400kW	75 000 000kWh				

표 5.4 독일 RWE 수력발전소(출처: RWE Innogy 2010) (NRW = 노르트라인베스트팔렌 주, Rh-Pf = 라인란트팔츠 주)

발전소	발전소 수	확장 용량	조정 가능 일량(100만 kWh)
자체 소유			
유수 발전소	56	650MW	3463
저수 발전소	5	256MW	489
양수 발전소	3	817MW	–
경영 관리			
유수 발전소	45	335MW	2184
양수 발전소	1	164MW	–
신주 인수권 소유	–	194MW	1054
총계	110	2416MW	7190

표 5.5 독일 E.ON 수력발전소(출처: E.ON Wasserkraft GmbH 2010)

발전소	용량
양수 발전소	
골디스탈	1060MW
마커스바흐	1050MW
호헨바르테 1, 2	383MW
게스트하흐트	120MW
블라이로흐	80MW
벤데푸어트	80MW
니더바르타	40MW
유수 발전소	
비젠타	4MW
아이힉트	3MW
부르크캄머	2MW

표 5.6 독일 소재 바텐팔 수력발전소(출처: Vattenfall Europe AG 2010)

유수 발전소	66
양수 발전소	12
총 설비 용량	3300MW

표 5.7 EnBW 수력발전소(출처: EnBW Energie Baden Württemberg AG 2010)

개의 거대 에너지 공급 기업이 존재한다. 이들 기업에는 대부분의 발전소뿐만 아니라 공급망도 속해 있다. 이 4개의 거대 에너지 공급 기업은 RWE, E.ON, EnBW, 그리고 바텐팔(Vattenfall)이다. 표 5.5는 이 거대 기업들이 소유하고 있는 수력발전소의 수와 출력을 보여 준다.

전 세계 시장과 환경 분석

수력 이용이 지형학적으로 유리한 국가에서는 전기 수요의 많은 부분을 수력으로 충당하고 있다(Das Energieportal 2007a). 특히 알프스 산맥을 끼고 있는

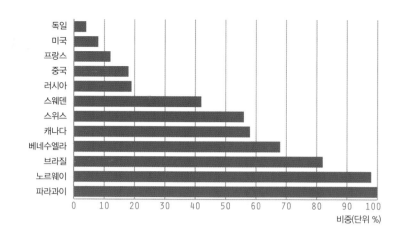

국가와 북쪽 고지대 국가들에서는 수력의 이용이 큰 가치를 지닌다. 2004년에 브라질과 캐나다, 중국이 전 세계적으로 수력 이용이 가장 많은 국가들이었다(Quaschning 2009). 브라질, 오스트리아, 캐나다, 스위스는 전기 수요의 50% 이상을 수력으로 충당한다(Quaschning 2009). 노르웨이는 전기 수요의 거의 전체를 수력으로 충당하고 있다. 전 세계적으로 전기 생산에서 수력이 차지하는 비중은 약 18%이며, 이는 원자력발전과 거의 비슷한 비중이다(BMU 2010b, Das Energieportal 2009, Greenpeace/EREC 2007). **그림 5.14**는 2004년 전기 생산에서의 수력 비중이 높은 국가들을 보여 준다.

수력발전소에 대한 투자 비용이 지나치게 높고 환경과 인간에 부정적인 영향을 미치고 있는데도 전 세계적으로 여전히 중국 싼샤 댐이나 영국의 조력발전과 같은 대형 프로젝트가 진행되고 있다(Bührke/Wengenmayr 2007). 수력발전 설비의 규모와 형태에 따라 투자 비용은 KW당 1200~3500유로이다(DENA 2010a). 수력발전소의 경제성은 태양광발전 설비나 풍력발전에서와 마찬가지로 투자 비용, 운영비, 수익금으로 계산된다. 평균적으로 유럽에서 수력으로 전기를 생산하는 비용은 kWh당 5~15센트로 알려져 있다(Solar-& Windenergie 2010, Deutsche Energie Agentur 2010a).

수력발전소 건설은 확실히 환경과 인간에 엄청난

그림 5.14
2004년도 전기 생산에서 수력발전이 차지하는 비중
(Quaschning 2009 참조하여 작성)

표 5.8
수력 이용의 장점과
단점(출처: DENA
2010d, Reutter 2003)

장점	단점
■ 환경 친화적이라 유해 물질을 배출하지 않는다. ■ 자연 자원 소비를 하지 않는다. ■ 열 배출이 적다. ■ 효율이 높다(약 90%). ■ 설비 수명이 길다. ■ 간단하고 신뢰할 만한 기술이다. ■ 정비나 서비스 요구가 적어서 운영비가 적게 든다. ■ 설치, 해체가 신속하다. ■ 다목적으로 이용할 수 있다(선박 운행, 홍수 방지, 식수 제공, 관개수 이용). ■ 에너지를 저장할 수 있다. ■ 홍수 위험이 거의 없다.	■ 투자 비용이 높은 편이다. ■ 수력발전 소재지와 소비지가 종종 멀리 떨어져 있다. ■ 파력발전에서의 에너지 생산은 불규칙적이다. ■ 다르게 이용할 수 있는 토지와 생태적으로 가치 있는 생활공간을 댐으로 수몰시킨다. ■ 이주로 인한 사회적 영향이 크다. ■ 물고기들의 생활공간을 방해하고 축소시킨다. ■ 인근에서의 물 공급에 문제를 일으킨다. ■ 유속을 낮춰서 댐 위쪽으로는 퇴적을 일으키고 아래쪽으로는 침식, 즉 토지 유실을 일으킨다. ■ 다양한 수중 동식물의 생활공간을 침해한다. ■ 산소 부족, 온도 변화, 유류 상태의 변화와 부영양화로 원치 않는 식물 성장을 가져오는 등 물의 변화를 초래한다. ■ 지하수면이 상승된다. ■ 생물계의 균형이 파괴된다.

영향을 미치는 부분이 있다. 많은 국가들이 수력 이용의 잠재력을 아주 높게 보고 있지만 환경보호론자들은 수생태적인 관점에서 이 잠재력을 훨씬 낮게 본다(표 5.8 참조).

수력의 이용은 다양한 장점을 지닌다. 수력은 풍력이나 태양광으로 전기를 생산하는 과정에서 발생하는 변동성을 보완해 줄 수 있다. 수력은 기저부하를 충당하고 원자력발전을 대신하고 양수 발전으로 에너지를 중간 저장해서 첨두부하에 사용할 수 있게 해준다(Agentur für Erneuerbare Energien 2010a, Bührke/Wengenmayr 2007). 그렇다고 해도 수력발전소 건설이 환경에 나쁜 영향을 미치는 단점이 있음을 유념해야만 한다. 특히 거대 수력발전의 건설은 꽤 심각한 결과를 야기할 수 있다(Bührke/Wengenmayr 2007, Quaschning 2009, 5.3 '이타이푸 발전소' 참고).

2002년에 세계댐위원회(WCD)는, 전 세계적으로 4만 5000개의 거대 댐이 세워져 있으며 이 중 절반이 에너지 생산에 쓰이고 있다고 밝혔다(WCD 2000, Bührke/Wengenmayr 2007). WCD는 또한 거대 댐이 건설되면서 4000만~8000만 명이 거주지에서 쫓겨나거나 강제 이주된 것으로 추정했다. 예를 들어 중국에서는 싼샤 댐 프로젝트로 100만 명이 이주를 해야만 했다(Bührke/Wengenmayr 2007).

게다가 2010년에는 10만 m²에 걸쳐 흙덩이들이 느슨한 상태가 된 것을 발견했다. 토양이 무너질 위험에 놓였다는 것인데, 이는 커다란 재난을 가져올 수도 있는 것이다. 엄청난 흙덩이들이 댐으로 가두어 둔 저수지로 무너져 내리면 5~10m 높이의 해일을 일으킬 수가 있다. 최악의 경우에 돌덩이들은 댐을 무너뜨려 양쯔 강 하류에 거주하는 1000만여 명의 생명을 위협할 수도 있다.

양쯔 강 물위원회는 건설로 파괴된 환경을 복원하고 토사 붕괴를 막고, 수력발전으로 인해 고향을 떠나 이주를 해야 하는 140만 명에게 재정 지원을 하려면 앞으로 10년에 걸쳐 110억 유로가 더 필요할 것으로 추정했다. 세계 최대의 수력발전소에 대한 중국의 비판자들은 총비용이 600억 유로에 달할 것으로 보았다. 이는 지금까지 중국 정부의 발표보다 세 배는 더 높은 것이다(Focus Online 2010a).

중국 수력발전소의 또 다른 부정적인 예가 반카오 댐이다. 1975년에 엄청난 강우를 동반한 태풍이 지나가면서 이 댐이 붕괴되었다. 인간이 초래한 이 재난으로 2만 6000명에 가까운 사람이 목숨을 잃었다 (Bührke/Wengenmayr 2007). 베네치아에서 북쪽으로 약 100km 떨어진 이탈리아 북동부 알프스에 위치한 바이온트 댐에서도 이와 비슷한 사태가 일어났다. 1963년 10월 9일 바이온트 댐 물이 넘쳐나면서 저수지 남쪽에 있는 토크 산이 저수지로 무너져 내렸다. 이 때문에 저수지 물이 넘쳐 파도를 형성해서는 롱가로네 마을을 완전히 덮쳐 버렸다. 이 사고로 2000명이 목숨을 잃었다(Giesecke/Mosonyi 2005).

이런 재난이 계속 발생하고 있는데도 수력 이용의 잠재 가능성은 없어지지 않고 오랫동안 남아 있다. 계속해서 거대 수력발전소가 계획되고 있는데, 브라질 벨로 몽테의 저수 발전소도 그런 예이다. 아마존 강 유역에 설치된 이 발전소는 1만 1000MW의 전기를 생산할 예정이다. 그런데 발전소의 건설로 대부분 이 지역 원주민인 약 2만 명이 이주를 해야만 한다(Doerk 2010, Focus Online 2010b).

파력발전소와 조류발전소, 조력발전소들도 계획되어 있거나 부분적으로는 이미 건설되기도 했다. 예를 들어 영국에서는 세번 강 하구에 거대 조력발전소가 들어설 예정이다(Das Energieportal 2007b). 354km 길이의 영국에서 가장 긴 이 강 어귀의 조수 간만의 차는 약 15m이다. 이는 세계에서 두 번째로 큰 것이다! 첫 번째로 조수 간만의 차가 큰 곳은 캐나다의 펀디 만이다(Das Energieportal 2007b, Focus Online 2010a).

영국 에너지 콘체른에서는 16km의 제방을 쌓아 주기적으로 반복되는 만조 때의 파도로부터 8.6GW에 이르는 규모의 전기를 생산하려고 한다. 이는 영국 총전기 수요의 약 5%에 해당한다. 그렇지만 여기서도 환경보호론자들의 반대가 높다. 환경 단체 '지구의 벗(FoE)'은 이 댐으로 유럽에서 가장 중요한 동식물의

생활공간이 파괴될 것이라고 거세게 비판하고 있다(Focus Online 2010a). 영국 정부는 이 프로젝트를 밀어붙이려 하지만 어느 정도까지 이 계획을 추진하려는 것인지 확실치 않다. 언론에 따르면 대안으로 더 작은 규모의 댐을 짓는 것을 고려하고 있다고 한다(Das Energieportal 2007b, Focus Online 2010b).

이 프로젝트에 대해 지속가능발전국가위원회의 의장 조너선 포리트와 같은 자연보호론자는 찬성 의견을 보이고 있다. 포리트는 과거 '지구의 벗' 대표를 맡은 적도 있으나 자연과학 잡지 〈New Scientist〉에 댐 건설에 찬성한다고 밝힌 바 있다. 그는 이 댐이 온실가스 배출을 줄이는 데 잠재력을 갖고 있으며, 이는 댐 건설로 예상되는 환경 파괴에 비해서도 훨씬 높은 잠재력이라며 댐 건설을 찬성하고 있다. 또 'Natural England' 단체의 장도 조심스럽게 찬성 의견을 비치고 있다(Focus Online 2010a).

5.5 | **결론**

수력발전소 건설을 검토할 때 그 과정에서 예상되는 환경 파괴를 우위에 둘 것인지, 아니면 온실가스 배출 감축과 원자력발전 이용 감축 잠재성을 우위에 둘 것인지를 판가름하기란 쉽지 않다. EU 국가들은 2020년까지 에너지의 5분의 1을 재생가능에너지원으로 생산할 의무를 지니고 있다. 물론 영국이나 브라질에서처럼 거대 프로젝트로 이 목표를 달성할 수 있다. 재생가능에너지원으로 수력을 이용할 수 있는 기술적 잠재력은 충분하기 때문이다. 그러나 이들 프로젝트를 실현하는 데에는 환경 파괴 외에도 엄청난 투자 비용이 커다란 문제로 떠오른다. 그린피스와 유럽재생에너지자문위원회(EREC)의 연구는 이것이 다른 방식으로 실현될 수도 있다는 것을 보여 준다. 이들은 수력발전이 2050년까지 73%로 확대될 것으로 추정한다. 2003년의 728GW가 2050년에는 1257GW로

표 5.9
수력의 장점

장점	연구/출처
온실가스를 배출하지 않는다.	"수력"(2010), Deutsch Energie Agentur GmbH 발간
풍력발전 및 태양광발전 설비 유동성을 보완할 수 있다.	"재생가능에너지 분야 확대 시나리오에 따른 독일 전기 공급 시뮬레이션"(2009), IWES
첨두부하 공급(양수 발전소)	"재생가능에너지 통합에 필요한 양수 발전과 다른 전기 저장 설비 확대 필요성 분석"(2010), Dena 발간
에너지 잉여 시 저장 가능성이 있다(양수 발전소).	"2050년까지 100% 재생 가능 전기 공급: 기후 보호 가능, 확실하고 지불 가능"(2010), SRU
기저부하 공급이 높다(거대 댐 발전).	"재생 가능한 에너지 시스템"(2009), Quaschning 지음

표 5.10.
수력의 단점

단점	연구/출처
거대 댐 발전 시 100만 인구의 이주가 불가피하다.	"재생 가능한 에너지"(2007), Bührke/Wengenmayr 지음
거대한 면적이 필요하다.	"재생 가능한 에너지–대안 에너지의 가능성–수력"(2003), Reutter 지음
생물계의 균형이 파괴될 수 있다.	"재생 가능한 에너지–대안 에너지의 가능성–수력"(2003), Reutter 지음
거대 댐 발전 시 토사 붕괴와 같은 자연재해가 일어날 수 있다.	"재생 가능한 에너지"(2007), Bührke/Wengenmayr 지음
투자 비용이 높다.	"수력(2010)", Deutsche Energie Agentur GmbH 발간

늘어나는데, 이는 거대 프로젝트가 아니라 대부분 친환경적인 소형 수력발전 건설을 통해서 가능하다는 것이다(EREC 2007).

흐르는 물로 돌아가는 터빈을 장착한 소형 유수 발전을 통해서 친환경적으로 전기를 생산할 수 있다는 것이 이들의 주장이다. 수력발전의 핵심 전제가 인공적으로 낙차를 만드는 것인데, 이는 유입 운하(inlet duct) 또는 관을 거쳐 터빈으로 들어가는 물이 다시 강 하류 방향으로 강물에 도달할 수 있도록 하는 것이다. 대개 강 유역에 설치되는 소형 수력발전은 거대한 양의 물을 가두어 둘 필요가 없다. 다시 말해 거대한 댐과 저수조를 건설하지 않아도 된다(Greenpeace/ EREC 2007).

수력에 유용한 사이트
– 전문 잡지

▶ '3R-안전하고 효율적인 관로 시스템 전문 잡지'의 인터넷 사이트: 관로 시스템 전문 잡지 3R은 관 생산, 제작 및 관로 건설 부분을 다루고 있으며 관로와 파이프라인에서 액체, 가스, 고체 물질들을 수송하는 것과 연관된 기술, 경제, 법률 문제들도 다루고 있다.
www.oldenboourg-industrieverlag.de/zeitschrift.php?index=journal&lang=en&page=3r

▶ 'Buch der Synergien Teil C Wasserenergie' 인터넷 사이트: 수력의 역사와 현재에 관한 정보.
www.erneuerbare-energien.de/inhalt/4592/

▶ 'IKZ$_{ENERGY}$' 인터넷 사이트: 에너지 효율화와 재생에너지 전문 잡지로 재생가능에너지 이용 및 응용, 재생가능에너지 생산에 관한 정보를 제공한다. 건물 설비 전문 계획가, 전기 기술자, 설비 시공 전문 기술자(난방, 태양설비 설치자, 전기공)들을 독자로 겨냥하고 있다. 이 잡지에는 태양열, 태양광발전, 지열과 바이오연료, 풍력과 수력에 관한 정보가 담겨 있다.
www.ikz-energy.de/heft-abo.html

▶ 'Wasserkraft & Energie international– 수력과 다른 재생가능에너지에 관한 계간지'의 인터넷 사이트: Moritz Schäfer 출판사가 발간한다.
www.vms-detmold.de/we_title/we_c.html

6 바이오매스

인간의 에너지 사용 역사는 바이오매스와 함께 시작되었다. 바이오매스는 인간에게 가장 중요한 에너지원이었다. 개개인을 살펴보면 인간의 물질대사에 필요한 영양 섭취 전체가 바이오매스를 소화하는 것을 통해 일어나고 있음을 알게 된다. 또 인간이 살고 있는 사회를 살펴보면 나무를 태워 얻는 불 역시 바이오매스를 이용하는 것인데, 이처럼 바이오매스는 인간이 에너지를 획득하는 가장 오래된 형태이다(Hiller 2009). 17세기까지는 어쩌다 바닷가에서 발견되는 화석연료인 석탄과 직접 내리쬐는 태양에너지 같은 열원을 빼면 바이오매스가 인간에게 유일한 열원이었다(Das Energieportal 2010c, Hiller 2009). 예를 들면 조명으로는 동물 지방으로 만든 양초를 이용했으며 식물이나 동물 지방을 등불 연료로 썼다. 바이오매스를 가장 많이 활용한 것은 숯을 만드는 데 쓴 것이었다

(Hiller 2009). 20세기 초반에 나무를 가스로 만들어 차량 연료로 쓰려고 시도하기도 했다. 1930년대와 1940년대에는 이에 적합한 반응로가 대량생산에 맞게 개발되기까지 했지만, 이 반응기가 가솔린과 디젤 기관을 누르지는 못했다(Hiller 2009).

6.1 바이오매스의 발생과 종류

바이오매스와 바이오매스에서 획득한 에너지는 재생가능에너지 가운데서도 모든 것을 할 수 있는 에너지이다. 바이오매스는 열과 전기 생산, 그리고 연료로 이용될 수 있다.

칼트슈미트 외(2002)에 따르면 '바이오매스'라는

진행되었다. 그 밖에 생태 밸런스로부터 재생가능에너지법의 개선에 필요한 제언도 있었다.

또한 이 프로젝트에서는 바이오매스 설비의 여러 공정 단계에서 보이는 온실가스 효과, 예를 들면 바이오가스 설비에서의 발효 찌꺼기와 가스 처리 과정에서의 온실가스 효과도 분석했다. **표 6.4**는 바이오매스 기본 구매가를 보여 준다.

전 세계 시장과 환경 분석

독일에서는 바이오연료가 2007년 이후 감소 추세를 보이고 있다. EU의 다른 국가들을 비롯해 전 세계적으로는 이와 전혀 다르다. 예를 들어 스웨덴에서는 2020년까지 화석 자원에서 독립한다는 야심 찬 목표를 세웠다(BDB 2011). 이를 위해 스웨덴은 수송용 화석연료로부터의 독립이라는 목표에 더 가까이 가고자 한다(Das Energieportal 2007c). EU에서는 2020년까지 바이오연료의 비중을 10%까지 높이고, 미국은 화석연료 소비의 15%를 2017년까지 식물성기름으로 대체한다는 계획을 세웠다. 중국, 인도, 브라질도 이와 비슷한 계획을 내세웠다(Agentur für Erneuerbare Energien 2010b, Das Energieportal 2007c, DENA 2010b). 유럽은 예상되는 수요를 자체 생산으로 충당할 수 없어서 바이오연료의 많은 부분을 수입으로 메우는 데 힘을 쏟고 있다. 유럽 바이오연료의 가장 중요한 공급자 중 하나가 브라질이다.

브라질의 설탕남작

1973년의 오일쇼크로 브라질은 1975년에 국가 알코올 프로그램(Proálcool)을 시작했다. 그래서 당시 군사 정부는 한편으로는 석유 탐사를 추진하면서, 다른 한편으로는 사탕수수에서 추출한 에탄올을 화석연료 벤진과 혼합하도록 이끌었다(2008). 이를 통해 석유 수입으로부터 벗어나고자 한 것이었다. 우선 종래의 연료에 바이오연료를 10% 혼합하도록 했고, 이어 20~25%까지 혼합하도록 했다(Fritz 2008). 이 프로그

기본 구매가	
출력 비중	EEG 2009 구매가 ct/kWh[3]
150kW$_{el}$ 이하	11.67 [1]
150~500kW$_{el}$	9.18
500kW$_{el}$~5MW$_{el}$	8.25
5~20MW$_{el}$	7.79 [2]

표 6.4
재생가능에너지법에 따른 바이오매스 기본 구매가(출처: BMU 2010a)

1) 과거 설비에도 적용된다.
2) 열병합으로 전기를 생산하는 한에서의 수치이다.
3) 바이오가스로 생산한 전기에 대한 기본 구매가는 배출 규제에 따라 허가를 받아야 하는 500kW 낡은 설비와 신규 설비에 대해 1.0ct/kWh가 상승하는데, 전제는 이 설비들이 대기관리 기술지침(TA Luft)의 배출 감소 규정에 상응하는 포름알데하이드 한계치를 유지한다는 것이다. 이는 가스망에서 공급받은 가스를 이용하는 설비에 대해서는 적용되지 않는다.

램은 에너지 안보에 기여했을 뿐만 아니라 농산물 가격 안정에도 도움을 주었다. 당시 설탕의 세계시장 가격은 아주 낮아서 브라질 설탕남작들의 이윤이 줄어들어 있었다(Fritz 2008). 국가 알코올 프로그램 덕분에 농업 에너지 시장에서 브라질과 설탕남작들이 현재와 같은 높은 지위를 얻게 된 것이다(Fritz 2008). "농업 연료 산업에 수십 년간 투자를 하고 필요한 사회 간접 시설을 설치한 결과, 브라질은 전 세계적으로 유일한 지위를 누릴 수 있게 되었다."(Fritz 2008: 3) 브라질의 설탕남작들은 지난 수십 년 동안 기술력을 키워서 미국 다음으로 브라질을 두 번째로 큰 에탄올 생산 국가로 만들었을 뿐만 아니라 세계 최대 수출 국가로 만들었다. 전 세계적으로 거래되는 에탄올의 약 절반이 브라질산이다. 미국의 옥수수 에탄올이나 유럽의 밀에탄올과 비교해 브라질 사탕수수 에탄올은 훨씬 저렴하게 생산할 수 있다(Fritz 2008). 이를 가능하게 하는 것은 유리한 기후 조건, 단작 재배, 높은 에너지 함량, 그리고 값싼 노동력이다(Fritz 2008).

1990년 말에 바이오연료 시장이 얼마간 정체된 적이 있었다. 이때 브라질은 일반 화석연료뿐만 아니라

바이오에탄올로도 작동할 수 있는 차량, 이른바 유연 연료 자동차에 대해 세금 인하를 단행했다. 이 차량으로 사람들은 가장 저렴한 연료를 주유할 수 있게 되었다. 2003년부터 브라질 에탄올 시장은 다시 활기를 찾게 되었다(Fritz 2008).

에탄올은 한 번 주유했을 때 움직일 수 있는 거리가 짧지만 브라질산 바이오에탄올은 화석연료 벤진에 비해 가격이 낮아서 경쟁력이 있는 것으로 드러났다. 바이오에탄올 가격은 벤진 가격의 65~70%밖에 되지 않기 때문이다(Fritz 2008). 브라질의 자동차 업체들은 100여 종의 유연 연료 자동차를 생산하고 있다. 또한 2006년에 브라질에서 새로 허가된 승용차의 78%가 유연 연료 모터를 장착했다. 2006년에 바이오에탄올 생산은 약 180억 L에 이르렀으며, 2010년에는 240억 L가 될 것으로 예측한다(Fritz 2008). 2004년 이후로 브라질 정부와 설탕남작들은 여러 유채 작물, 예를 들어 콩이나 해바라기, 야자와 같은 작물들로부터 바이오디젤을 생산하는 데에도 눈을 돌리기 시작했다(Fritz 2008). 바이오디젤 생산과 이용을 위한 프로그램의 목표는 에너지믹스의 다양화, 디젤 수입 감축, 수입과 일자리 창출, 가족 경영 농가 진흥에 있다

그 밖에 "…잠재적으로 광활한 면적의 땅을 이용할 수 있는 것은 브라질이 지닌 또 다른 장점이라 할 수 있다."(Fritz 2008: 7) 미국 에너지성에 보고된 연구에 따르면, 농사를 지을 수 있는 땅의 20%만이 경작되고 있으며 농업 팽창에 1억 헥타르에서 2억 2000 헥타르가 적합한 것으로 알려졌다고 한다(Kline et al. 2008). 6200만 헥타르가 현재 농업 경작에 이용되고 있고, 2억 헥타르는 목초지로 남아 있다.

"세라도 사바나 지대, 목초지, 조림 지구, 토질 악화 지대와 주변 지대를 모두 고려하면 2030년에 2억 헥타르를 에너지 작물 재배에 이용할 수 있을 것이며, 이는 브라질 국가 면적 8억 5000만 헥타르의 약 4분의 1에 해당한다."(Fritz 2008: 8)

1억 헥타르는 곧 경작지로 포함될 것이며, 이로 인해 식량 생산이 위협받지는 않을 것이다(MAPA 2005).

바이오에탄올 공장은 에탄올 생산 과정에서 생겨나는 사탕수수 깍지를 태워서 공장에서 필요한 전기를 생산할 수 있고 남아도는 에너지는 다시 팔 수도 있다.

농업 에너지 붐은 점점 더 많은 농경지를 에너지 작물 재배에 이용하도록 만들고 있다. 바이오에탄올과 바이오디젤 생산은 브라질에서의 토지 이용을 완전히 바꾸어 놓았다. 설탕남작들은 새로운 지역으로 전진해 들어가고 있다. 토지 이용의 이런 변화는 가치가 높은 생태계에 위협이 되고 있다. 건조 사바나 지대, 습지대 판타날 및 아마존 원시림이 점점 위험에 빠지고 있다(Fritz 2008). 예를 들어 브라질에서 소를 기르는 이들은 사탕수수와 대두 재배 면적이 엄청나게 확장되면서 아마존 원시림 인근으로 쫓겨나 그곳에서 새로운 목초지를 만들기 위해 숲을 개간하고 있다. 따라서 바이오 차량 연료 생산은 간접적으로 브라질에서 원시림의 벌채를 가져오고 이는 식량 생산 부족을 초래할 수 있다(Lapola 2009/2010). 사탕수수 재배지의 확장이 지역에서 식량 생산을 위해 필요한 토지를 축소시키고 소농 경제의 토대를 무너뜨리기 때문

그림 6.6
바이오가스 설비
예(출처: iStockphoto
2011, visdia)

이다(Fritz 2008). 세계은행 연구에 따르면 지난 몇 년 간 세계적으로 곡물 가격이 상승한 것은 75%가 농업 연료 투입 때문이라고 뮌헨환경연구소(2010)는 전하고 있다. 바이오 연료 생산은 이 밖에 전 세계적으로 1억 명의 사람들을 빈곤으로 몰아넣었다(Fritz 2008). '라틴아메리카에서의 농업 에너지' 사례 연구는 이렇게 서술하고 있다. "그럼에도 전 세계적인 농업 연료 붐이 생태적으로, 사회적으로, 인권적으로 부정적인 영향을 미친다는 점은 분명하다. 예를 들면 농경작지 이용이나 농경작지로의 처분 가능성, 토지 소유 집중, 토지와 자원 갈등, 농촌 일자리, 생물다양성과 토지와 물, 그리고 곡물 가격 등에 대한 부정적인 영향을 말한다."(Fritz 2008: 5)

독일 연방의 농업, 식품 및 소비자 보호부(BMELV)와 환경부(BMU)의 '바이오매스 행동 플랜'(2009) 역시 에너지 작물에 대한 수요가 곡물에 대한 수요와 똑같은 자원을 놓고 경쟁하고 있음을 밝혔다. 그뿐만 아니라 같은 에너지 부문에서도 이 성장하고 있는 원료가 다른 종류의 에너지 생산과 경쟁하고 있다는 것이었다(BMU/BMELV 2009). 이 연구는 다음과 같은 결론에 도달했다. 즉, "에너지 용도로 바이오매스의 생산을 증가시키는 것은 생태적, 경제적, 사회적으로 긍정적이며 동시에 부정적인 영향을 미칠 수 있다는 것이다. 이는 독일뿐 아니라 전 세계에서도 마찬가지다."(BMU/BMELV 2009)

그 밖에 브라질 사탕수수 대농장에서는 여러 종류의 살충제 말고도 제초제를 이용한다. 사탕수수 재배에만 2만 톤의 제초제가 소비되고 있으며(Fritz 2008), 이는 브라질 전체에서 사용하고 있는 제초제의 13%에 해당한다. 이런 제초제는 토양과 물을 심각하게 오염시킨다(Fritz 2008). 세계 최대의 지하수 저장고 아퀴페로 구아라니에서도 농업 화합물 오염이 확인되었다. 이 지하수는 중앙 브라질과 남브라질, 아르헨티나, 파라과이, 우루과이 대부분의 지역으로 뻗어 있다(Fritz 2008).

따라서 바이오에너지가 지속 가능한 발전에 도움이 되는지를 통합적으로 평가하기란 쉽지 않다. 기후 보호에 미치는 영향에 대해서도 논쟁이 끊이지 않는다. 바이오에너지를 비판하는 이들은 이렇게 주장한다. "…에너지 작물을 재배함으로써 식량, 자연보호 및 바이오에너지 사이에 토지 이용을 둘러싼 갈등이 증가하게 될 것이고 기후에 부정적인 영향을 미칠 것도 거의 확실하다."(WBGU 2008: 1)

이와 달리 찬성하는 이들은 다음과 같이 반박한다. "…극적으로 증가해 가는 에너지 수요를 볼 때 바이오에너지는 확실한 에너지 공급과 기후 보호에 기여할 수 있으며, 선진국과 개발도상국들의 농촌 지역 개발 가능성도 제공한다."(WBGU 2008: 1)

IFEU의 '바이오연료를 이용한 이산화탄소 중립의 미래 수송으로 가는 길'(2004) 연구에서는 이렇게 언급하고 있다. "전 세계적으로 해마다 증가하고 있는 바이오매스는 이론적으로는 전체 연료 수요를 충당할 수 있지만 토지 경쟁(곡물 생산, 지속 가능한 농업)과 사용을 둘러싼 경쟁(바이오매스를 원료로 이용하는 것, 전기와 열 획득으로 바이오에너지 운반체를 이용하는 것)으로 이런 잠재력이 제한되고 있다."(IFEU 2004: 4)

이 연구는, 따라서 자원 보호와 기후 보호의 측면에서는 바이오연료가 화석연료에 비해 생태적인 장점을 갖고 있지만 토지 경쟁과 사용 경쟁 때문에 화석연료의 극히 일부만 대체할 수 있을 것이라는 결론에 도달하고 있다(IFEU 2004).

유럽환경정책런던연구소(IEEP)의 연구에서는 23개 EU 회원국들이 세우고 있는 2020년까지의 재생 가능에너지 확대에 관한 공식 계획을 조사했다(IEEP 2010). 연구자들은 유럽에서 바이오연료 이용이 늘어나면서 이산화탄소 배출 증가를 가져올 것이라는 결론에 도달했는데, 그것은 EU 회원국들이 세우고 있는 목표를 달성하자면 6만 9000km^{2}의 숲과 습지, 목초지를 농경지로 바꿔야만 하기 때문이다.

지구환경 변화에 대한 연방정부자문위원회(WBGU)

의 견해에 따르면 바이오매스는 물론 지속적으로 이용할 수 있다(WBGU 2008). 자문위원회는 바이오에너지 이용에 관해 정치적으로 분명한 입장의 통합적인 모델을 만들었다. 이를 바탕으로 기회를 이용하면서 동시에 위험을 줄일 수 있어야 한다. WBGU의 견해에 따르면 이 모델에서 요청되는 조정을 위해 필요한 원칙은 바이오에너지가 지속 가능한 전 지구적 에너지 전환의 토대로서 전략적인 역할을 해야 한다는 것이다(WBGU 2008).

6.4 결론

요약하면 바이오에너지의 이용은 생태적, 경제적, 사회적으로 긍정적인 영향은 물론 부정적인 영향을 끼칠 수 있다는 것이다. 앞으로 바이오에너지 이용과 식량 생산 사이에 토지를 두고 경쟁이 벌어지거나 수많은 동물종과 숲이 멸종되는 것을 바라지 않는다면 바이오에너지를 지능적이며 지속 가능하고 미래 지향적으로 이용해야만 한다. 다시 말해 환경과 인간에게 위험하지 않을 정도로 일정량만 이용해야 한다. 바이오에너지를 화석연료의 대체물로 이용하는 과정에서는 부정적인 영향이 훨씬 크므로 화석연료의 일부

표 6.5
바이오에너지의 장점

장점	연구/출처
이산화탄소 중립과 이산화탄소 배출이 적은 에너지를 생산한다.	"변화하는 세계: 미래를 담보하는 바이오에너지와 지속 가능한 토지 이용"(WBGU 2008)
자원을 아낄 수 있다.	"바이오 연료를 이용한 이산화탄소 중립의 미래 수송으로 가는 길"(IFEU 2004)
여러 가지로 이용할 수 있다.	"재생 가능한 에너지 시스템"(Quaschning 2009)
풍력발전과 태양광발전의 유동성을 보완한다(바이오매스 발전소).	"재생가능에너지 업계의 확대 시나리오에 따른 독일 전기 공급의 동태적 시뮬레이션"(Saint-Drenan et al. 2009)
전력망 조절 및 전력망 안정화에 기여한다(바이오매스 발전소).	"재생가능에너지 업계의 확대 시나리오에 따른 독일 전기 공급의 동태적 시뮬레이션"(Saint-Drenan et al. 2009)

표 6.6
바이오에너지의 단점

단점	연구/출처
우림이 벌채된다.	"간접적인 토지 이용이 EU에서 바이오연료 이용의 영향을 바꾼다"(IEEP 2010)
생태 시스템에 심각한 영향 및 파괴를 불러온다.	"라틴아메리카에서의 농업 에너지"(Fritz 2008)
식량 생산과 경쟁하게 된다.	"EU에서의 바이오연료와 바이오액체에 동반되는 간접적 토지 이용 변화 예상– 국가 재생가능에너지 액션 플랜 분석"(IEEP 2010)
비료 및 살충제 투입으로 환경과 건강에 심각한 영향을 준다.	"라틴아메리카에서의 농업 에너지"(Fritz 2008)
소농 경제 토대가 붕괴된다.	"라틴아메리카에서의 농업 에너지"(Fritz 2008)
전 지구적으로 곡물가가 상승한다.	뮌헨 환경연구소(2010)
지하수가 오염된다.	"강이 마르면"(Pearce 2007)

만을 대체할 수 있다.

　WBGU의 모델은 바이오에너지의 미래에 대한 좋은 예를 보여 준다. 종합해서 말하자면, 앞으로 바이오매스와 바이오매스 발전소는 특정 전제 조건 하에서 기후 보호와 화석연료 대체와 에너지 운반체로서 독일뿐만 아니라 전 세계적으로 중요한 기여를 하게 될 것이다. 여기서 고체 바이오매스를 기반으로 한 발전소만이 아니라 바이오가스 설비 또한 전기 생산에

서 기저부하 공급의 중요한 에너지원이 된다. 재생 가능한 전기 생산에 바이오에너지를 사용하는 것은 현대 바이오가스 발전소에서는 잔여부하 보완뿐 아니라 주파수 안정화에도 활용될 수 있음을 의미한다. 그러므로 기저부하 영역에의 투입뿐만 아니라 중간부하와 첨두부하 영역에의 투입도 생각할 수 있다. 이로써 바이오에너지는 풍력발전소와 태양광발전소의 주요한 지지대가 된다.

바이오매스에 유용한 사이트
– 전문 잡지
▶ 'get-green energy technology' 인터넷 사이트: 이 전문 잡지는 모든 형태의 재생가능에너지를 이용한 에너지 생산에 필요한 최신 기술, 공정 및 시스템 구성들에 대한 정보를 제공한다. 개발자나 설비 디자이너를 독자로 겨냥하며, 재생가능에너지 설비 계획, 건축 및 가동에 필요한 중요 정보가 담겨 있다.

　www.mi-verlag.de/get-green-energy-technology/

　www.konstruktion.de/get-magazin/(여기서는 잡지 최신호를 볼 수 있다)

▶ 'joule–Das Fachmagazine für Agrarenergie, Technik, Politik und Wirtschaft(농업 에너지, 기술, 정책과 경제)': 독일 농경제출판사(Deutsche Landwirtschaftsverlag GmbH)에서 발간하며 바이오가스, 태양, 풍력과 바이오연료 주제를 다룬다. 업계 관련 종사자, 기업가와 중소기업, 공방, 지자체 책임자들을 독자로 겨냥하고 있다.

　joule.agrarheute.com/joule-aktuelles-heft

▶ 'neue energie' 인터넷 사이트: 재생가능에너지에 관한 잡지. 전문 잡지 〈neue energie〉는 독일풍력에너지연합(BWE)에서 발간한다.

　www.neueenergie.net

▶ 'Sonne, Wind & Wärme' 인터넷 사이트: 재생가능에너지 업체 잡지.

　www.sonnewindwaerme.de

7
지열

지열은 이미 수천 년 전부터 이용되었다. 그때는 지열 이용이 온천수가 지표면으로 올라오는 지역에 국한되어 있었다. 지열에너지는 주로 목욕이나 건강 또는 영적인 목적으로 이용되었다(Planet-Wissen 2009). 온천욕은 지금도 의료 목적으로 종종 이용되고 있다. 현대에 와서 기술적으로 지열을 이용할 수 있게 되었다. 오늘날 지열에너지는 미국, 중국, 스웨덴, 노르웨이, 독일, 일본, 터키, 아이슬란드에서 가장 많이 얻고 있다(BtV 2010).

"지열은 지구 내부에서 나오는 열을 의미한다. 이는 거의 전적으로 태양에 의해 생성된, 지면 위 15~20m의 열과는 다른 것이다."(Wagner 2009: 253)

7.1 지구의 구조

지구의 반지름은 6370km이다. 지구 내부는 전체적으로 다음 4개의 서로 다른 영역대로 나뉜다(Press/Siever 1995, 그림 7.1 참조).

지각 0 ~ 1000 °C	40 KM
맨틀 500 ~ 3000 °C	2900 KM
외핵 3000 ~ 4500 °C	22000 KM
내핵 4500 ~ 6500 °C	1230 KM

그림 7.1 지구의 구조
(Press/Siever 1995 참조하여 작성)

▶ 단단한 지각(바다 아래 5km, 육지에서는 땅 아래
　70km까지)

▶ 단단한 지구 맨틀(두께 2900km)

▶ 유동적인 외핵(두께 22000km, 온도 4500℃까지)

▶ 단단한 내핵(지름 2600km, 온도 6500℃ 정도)

지구 내부에 저장된 열은 대부분이 방사성 동위원소의 붕괴에너지로부터 나온다. 가장 중요한 동위원소가 우라늄, 토륨, 칼륨이다(Hennicke/Fischedick 2010). 지구가 지니는 총열량은 가장 간단하게 계산해서 약 $12 \cdot 10^{30} \sim 24 \cdot 10^{30}$줄로 추정한다(BMU 2010). 이는 2004년 전 세계 1차 에너지 수요의 21만 배에 해당한다(BMU 2009).

지구의 중심핵과 지각 사이의 온도 차는 엄청나다(그림 7.1). 그 때문에 대류 흐름이 일어나 지구 내부에서 열이 지표면으로 수송된다. 열의 일부는 직접적인 열전도로 지표에 닿게 된다. 지구 맨틀에서의 암석 용융으로 일어나는 대류는 또한 대류 이동(지각의 표층이 판상을 이루어 움직이고 있다는 학설–옮긴이)을 일으키는 추진력이 되고, 이 때문에 산맥 형성과 화산 폭발, 지진이 일어나게 된다.

지구의 평균 지열 온도는 대류 아래에서는 약 30℃/km이다(Frisch/Meschede 2005). 물론 이 값은 지역에 따라 크게 차이가 난다. 지표에서 깊지 않은 곳에서 측정되는 열류 밀도 역시 이에 따라 큰 차이가 난다. 특히 지열 비정상성이 높은 지역은 오세아니아, 일본, 남·북아메리카 북쪽 해안과 서쪽 해안, 지중해 북쪽, 아이슬란드, 동아프리카에 위치해 있다(Petry 2009, 그림 7.2).

열의 일부는 액체나 기체의 형태로 지표로 분출되기도 한다. 지각에서 가열되어 대류에 의해 솟아오르는 것이다. 예를 들면 온천수원, 뜨거운 지하수, 건조하거나 습기 찬 증기원 등이다.

7.2 독일의 심지층 지열 잠재량

독일에서도 지열을 이용할 수 있는 잠재량이 크다. 지표에서의 열류는 마인 북쪽에서 발견되는데 약 $50 \sim 80mW/m^2$이다. 오버라이그라벤에서는 $80 \sim 120mW/m^2$를 보이며 동쪽은 $150mW/m^2$까지 상승한다(Frisch/Meschede 2005).

3000m 심지층에서는, 예를 들어 라이프치히 주변은 열류의 값이 지열로 난방을 할 수 있을 정도로 나타난다(그림 7.3). 물론 지열로 상업적인 전기를 생산할 수 있을 정도의 값은 남서 독일과 하노버 인근에서만 나타난다. 아니면 5000m 심지층까지 도달해야 한다(Paschen et al. 2003, 그림 7.4).

지표에서 지열 설비가 얻는 열은 기본적으로는 자연적인 열전도를 통해 지각 내에서 순환된다. 열 흐름이 적거나 평균값을 보이는 지역에서는 지열 설비의 열 추출 용량을 설계 단계에서 아주 세심하게, 그리고 실제 값에 가깝게 계산해야 한다. 왜냐하면 지하에서 순환되는 것보다 더 많은 양의 열을 추출하면 결국 지열원을 상업적으로 이용하지 못할 정도로 메마르게 될 수 있기 때문이다. 예를 들면 지하수 유입이 자연스러운 복원을 가져올 수도 있다.

그림 7.2
지열의 비정상성을
보이는 곳의
세계지도(Petry 2009
참조하여 작성)

ᕟᕟ 지열 발전소　　● 활화산　　■ 지열 발전 잠재량을 지닌 지역

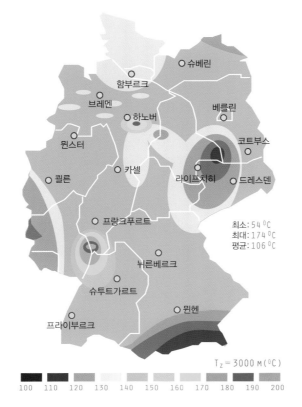

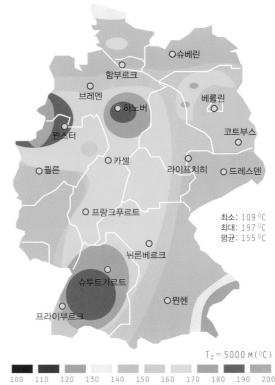

그림 7.3 독일, 3000m 심지층에서의 지열 온도(Paschen et al. 2003 참조하여 작성)

그림 7.4 독일, 5000m 심지층에서의 지열 온도(Paschen et al. 2003 참조하여 작성)

지하수 유입이 없는 저장 시설에서는 능동적인 복원 장치가 필요하다. 이는 여름에는 건물을 냉각시켜 지표의 열이 땅으로 전도될 수 있게 한다는 뜻이다. 겨울에는 땅의 열을 이용해 건물 난방을 할 수 있는데, 이런 과정을 통해 여름에 저장된 열을 다시 추출해 쓸 수 있게 된다. 여기서는 토양이 일종의 중간 저장소로 여름의 과잉 열을 저장한다. 이렇게 하여 지열 설비가 여러 해 동안 가동될 수 있는 순환 체계가 이루어진다(BINE 2010, Watter 2009).

7.3 지열원

지열이 출현하는 형태는 다음 7가지로 구분할 수 있다.

1. **건조 증기:** 땅에서 흘러나오는 과열된 증기(고온의 증기)로 터빈을 돌린다. 이 터빈은 증기로부터 전기 에너지를 만들어 낸다. 미국 캘리포니아의 '게이저스' 지열 설비와 이탈리아 라델로에 있는 고온 증기천이 이런 예이다.

2. **습한 증기:** 압력을 받고 있는 물 저장고에서 180~370℃의 물-증기 혼합체를 추출한다. 물은 증기에서 분리되고 증기가 터빈을 돌려 전기를 생산한다. 뜨거운 물은 난방에 이용될 수 있다. 멕시코 세로 프리토(300℃, 1500m 깊이, 75MW)와 뉴질랜드 와이라케이(245℃, 290MW), 아이슬란드 나마피올(280℃, 900m 깊이, 40MW) 등에서 볼 수 있다.

3. **고온수 원천:** 온천수를 말하는데, 여기서는 50~100℃의 따뜻한 물이 지표로 흘러나온다. 주로 난방으로 이용하며, 전 세계에 널리 퍼져 있다.

4. **뜨거운 지하수:** 50~100℃의 따뜻한 물을 펌프를 이용해 지표로 끌어올려서 직접 난방에 이용한다. 예를 들어 파리의 베켄에서는 2000m 심지층에서 퍼 올리는 100℃ 고온의 물을 20만 가구에 공급

해 난방에 이용하도록 하고 있다. 슈베린과 로스토크 인근 오스트제에서는 1600m 심지층에서 나오는 60℃의 따뜻한 물을 이용한다. 이 설비의 출력은 5MW이다.

5. **고온의 암석 형태:** 여기서는 300℃ 정도 고온의 비정형 물질들이 물이나 수증기를 발생시키지 않고 나온다. 즉, 암석 자체만 가열되는 것이다. 주입정 천공을 통해 물이 고온의 암석으로 들어가게 되고 다른 쪽에서는 추출정 천공을 통해 들어간 물이 지표로 흘러나오게 된다. 이 물은 습한 수증기나 온수로 이용된다. 이런 예가 고온 암체 공정(Hot Dry Rock-Verfaren)이다(7.4 '고온 암체 공정' 참조).

6. **지질적으로 압축된 온수 또는 기체 형태:** 5km 심지층에 있는 50~200℃의 고온이자 포화 상태의 물 형태 용액을 추출하는 것이다. 이 용액은 위치한 곳의 압력이 지나치게 높고 온도도 높아서 추출하기가 매우 어렵다. 이와 같은 압력 상태에 놓인 용액이 터빈을 돌려서 전기를 생산한다.

7. **고온의 마그마:** 용융된 암석인 고온의 마그마는 원리적으로 발전소를 가동하는 열원으로 이용할 수 있다. 물론 그러기 위해서는 활화산에 5km 깊이로 구멍을 뚫어야 한다. 그러므로 이런 형태의 지열 이용이 실제로 이루어질 확률은 낮다(Petry 2009).

7.4 | 지열의 종류

지열은 기본적으로 **지표에 가까운 지열**과 **심지층 지열**로 구분한다. 400m까지를 지표에 가까운 지열로 보고, 400m 이하를 심지층 지열이라 부른다(Wagner 2009, BMU 2010e). 일반적으로 잘 갖추어진 설비는 1000m 이상의 깊이에서도 작동한다. 추출된 열은 직접 난방에 이용하거나 공정 열 또는 전기 생산에 이용할 수 있다.

지표에 가까운 지열은 지하에 있는 열을 지열 집열

기나 지열 존데, 또는 지하수 천공 설비를 이용해 추출하는 과정에서 얻는다. 지표에 가까운 지열은 온도가 낮아 주로 난방으로 이용하며 전기 생산에 이용하지는 않는다. 이 영역에서는 온도가 주로 20℃ 이하이기 때문에 이런 열생산 방식은 태양 설비에서처럼 (3.2 '흡수식 냉각장치' 참조) 냉방에도 이용할 수 있다 (Albrecht 2007).

지표 가까운 지열

지표 가까운 지열을 이용해 에너지를 얻는 방법에는 여러 가지가 있다. 이 정도 깊이에서의 온도는 지나치게 높지 않아서 주로 12~25℃이다. 대개 이 기술은 가정 난방이나 온수용으로 이용된다. 지열의 비정상성을 보이는 국가들(그림 7.2 참조)에서는 이 작업을 통해 열을 직접 전기로 전환할 수도 있다. 하지만 독일은 그런 지역에 해당되지 않는다.

땅에 연결된 열펌프 설비

독일의 거의 모든 지역에서는 지열을 이용하기 위해 열펌프를 써야 한다. **그림 7.5**는 땅에 연결된 열펌프 설비의 작동 기제를 보여 준다. 이 설비는 자체적으로 폐쇄된 3개의 순환 체계를 갖고 있는데, 이것은 열교환기를 통해 서로 연계되어 있다.

이 설비의 핵심은 열펌프이다. 펌프에서 냉매가 순

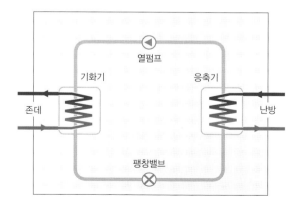

그림 7.5 열펌프의 작동 기제(TLUG 2010, BINE 2010 참조하여 작성)

환하게 되는데, 이 냉매는 열역학적 순환 과정을 통해 압력과 상태를 변화시킨다. 이것은 냉장고의 원리와 비슷하다. 열교환기가 차가운 액체 형태의 냉매를 받아들여 냉매를 기화시킨다. 그러면 응축기가 기체 형태의 냉매를 압축해 온도를 상승시킨다. 응축기에 열교환기가 달려 있고, 이 열교환기가 건물 난방을 책임지게 된다. 냉장고와 달리 이 설비에서는 발생된 열을 이용하고 아래쪽에 차가워진 공간이 놓이게 된다. 그리고 이 차가워진 공간에서 열을 얻는 것이다.

열펌프는 사전 온도가 낮아도 되는 난방 설비에서 가장 효율적으로 작동한다. 한 예가 바닥 난방 시스템이다(TLUG 2010, BINE 2010).

지열을 지표로 뽑아 올릴 수 있는 방법에도 여러 가지가 있다. 이 책에서 모두 다룰 수는 없으므로 가장 많이 이용되는 세 가지 시스템에 대해서만 설명하고자 한다. 이 세 시스템은 모두 열펌프에 바탕을 두고 있다.

지열 존데

튀링겐 환경청(2010)에 따르면 지열 존데(그림 7.6)는 지표 가까운 지열을 이용하는 데 가장 많이 사용되고 있다고 한다. 수직으로 천공을 해서 플라스틱으로 된 U형의 관을 박고 여기에 부동성 소금물이나 글리콜 혼합액을 넣어 순환하도록 한다. 이 소금물은 열운반자 역할을 하기 때문에 열 운반 물질이라 부른다. 이 소금물이 지하에서 열을 흡수해 열펌프의 기화기에 전달하고 차가워져서 땅으로 다시 들어가게 된다. 그러면 땅에서 다시 가열된다. 이 존데의 깊이는 지점마다 개별적으로 결정되는데 설비가 최적화되도록 조정된다. 튀링겐 환경청에 따르면 이 깊이는 대개 30~100m 정도라고 한다. 지열 존데를 구비한 난방 설비에서 가장 비용이 많이 드는 부분이 땅에 천공하는 작업이다. 천공의 미터당 비용은 30~70유로인데, 대개 한 번의 천공으로 세 개의 존데가 설치되어야만 한다. 이와 같은 설비의 총비용은 설치비를 포함해서 1만 3000~2만 8000유로이다(Käuferportal 2010). 이

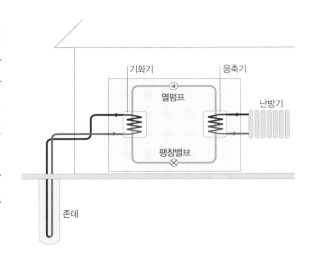

그림 7.6 **지열 존데의 작동 방식**(TLUG 2010, Energiewende Oberland 2005 참조하여 작성)

런 설비는 초기 투자가 상당히 높지만 그 대신 운영비 지출은 아주 낮다. 지열 존데를 구비한 난방 설비는 용도에 딱 맞도록 규모를 조정해야만 한다. 그렇지 않으면 바닥에서 필요 이상의 열을 추출하게 되고, 쓸데없이 천공 작업을 깊게 하는 바람에 비용이 많이 들어가게 된다.

바닥 집열기

바닥 집열기의 작동 방식은 소금물 존데와 비슷하

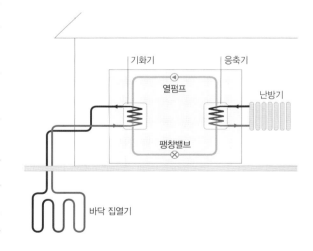

그림 7.7 **바닥 집열기의 작동 방식**(TLUG 2010, Energiewende Oberland 2005 참조하여 작성)

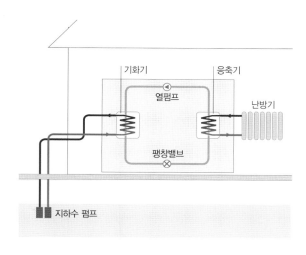

그림 7.8 지하수 열펌프의 작동 기제(TLUG 2010, BINE 2010 참조하여 작성)

다. 커다란 차이는 플라스틱관이 수직이 아니라 바닥에 수평으로 깔린다는 것이다. 관을 관판에 1.2~1.5m 깊이로 깔아 놓는다. 이 설비의 가용성과 재생성은 설비에 따라 다르지만 몇 년 이상 보장된다. 지열 존데와 비교할 때 바닥 집열 설비에 필요한 면적이 훨씬 크다(TLUG 2010).

지하수 열펌프

지하수 열펌프는 펌프 우물에서 지하수에 있는 열을 뽑아 쓰게 된다(그림 7.8). 이 열은 열교환기를 거쳐 열펌프에 있는 냉매에 전달된다. 온도가 몇 도 정도로 내려간 물은 흡수 우물을 거쳐 다시 지하수로 돌아가게 된다. 두 개의 우물은 면적이 많이 필요하지 않기 때문에 작은 대지의 건물에도 적합하다(Thermo Globe 2011).

심지층 지열의 활용

지열은 특히 해당 지열이 비정상적으로 존재하는 곳(그림 7.2)에서는 난방용으로만 이용할 수 있는 게 아니라 전기 생산에도 이용할 수 있다. 지열발전소는 풍력발전소나 태양광발전소와 달리 계속해서 전기를 생산할 수 있기 때문에 전략적으로 유리하다. 그래서 지난 수십 년간 심지층 지열을 이용한 전기 생산 부문에서 연구가 집중적으로 이루어졌다. 이 연구 결과는 무엇보다 심지층 지열을 이용할 수 있는 곳을 발견하는 데 기여하고 있다.

지표에서 전기를 생산하는 터빈은 종래의 발전소에서 사용하던 터빈과 전혀 차이가 없다. 실제로 서로

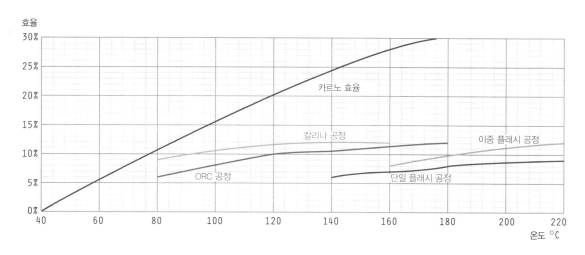

그림 7.9 에너지 획득 공정의 온도 단계. 그림에서는 전기 생산용 심지층 지열 발전소들의 개별 효율이 표시되어 있다. 단일 플래시 공정과 이중 플래시 공정은 최고의 온도가 필요하다. ORC 공정과 칼리나 공정은 80℃ 정도의 온도가 필요하다(Quaschning 2009 참조하여 작성).

사전 조사

우선 지질학적 가능성 연구틀에서 지열 설비 소재지로 적합한지를 조사한다. 이를 위해서는 무엇보다 지하 암반의 종류와 이 암반이 어떻게 퍼져 있는지, 지하수 상태나 지하수 흐름의 특성 등을 조사해야만 한다(Geologischer Dienst NRW 2010). 계획한 소재지 인근에서 이미 지열원을 이용하고 있다면 그곳에서의 상태를 모델로 활용할 수 있다. 그다음 지진 조사 방법으로 지하 상황을 더 정확하게 조사한다. 이 과정에서 특수 차량을 이용해 약한 지진파(그곳을 지나는 화물차량이 만들어 내는 정도)를 만들어 낸다. 이 지진파는 지하의 지질학적 구조에 의해 반사되고, 이 반사된 파는 지오폰이라고 하는 특수 수신 장치로 지표에서 측정할 수 있다. 이렇게 해서 지질학자들은 지진 기상을 작성하고 이로부터 심지층 상태를 알 수 있게 된다.

그 밖에 자기 지전류 조사도 실시하게 되는데, 이를 통해 심지층의 전자파 특성을 알 수 있다. 이 조사로 예를 들어 지하에서 수원이 어디에 있는지를 알 수도 있다. 지하의 열 상태는 물론 천공을 통해서만 조사할 수 있다(BMU 2009).

천공

심지층에 천공을 하는 것은 비용이 꽤 많이 들어 전체 프로젝트 비용의 70%를 차지하게 된다(그림 7.15 참조). 심지층에 탐침을 넣어 조사하는 일은 이에 관한 노하우와 필요한 장비를 갖춘 회사만이 할 수 있다. 그래서 이 작업에는 대개 석유 회사나 가스 산업체가 참여하게 된다.

마무리 작업

성공적으로 천공을 하고 난 후에는 천공으로 생겨난 구멍 주위에 안전장치를 해야 하는데, 이는 구멍이 다시 무너져 내리지 않도록 하기 위해서이다. 이를 위해 천공 과정에서 강철관을 설치해 천공 구멍벽을 지지하도록 한다. 이 지지물을 '케이징'이라 한다. 천공 구멍벽과 강철관 사이의 채워지지 않은 부분은 시멘트로 메운다. 관을 박는 천공 작업에서는 이 작업이 이루어진 후 '튜빙'이라는 강철관을 넣어 일부 열 손실을 막도록 한다. 이렇게 지열 설비 토대가 놓이고 그 위로 에너지를 추출하는 개별 기술 장치들이 설치된다(BMU 2009).

그림 7.10 지열 탐사에 쓰이는 천공 드릴 헤드. 그림에서 보는 것처럼 원뿔-회전대-끝의 구조 세 개로 된 드릴 헤드가 가장 많이 사용된다. 다이아몬드 드릴이나 코어 드릴도 있다. 탐침 조사 작업에 어떤 드릴을 이용할 것인지는 암반에 따라 다르다(Leuschner 2007a, 사진: iStockphoto 2007, Jason Verschoor).

다른 종류의 전기 생산 방법, 즉 지열로 가열된 매체(열 유체)를 **직접적으로 이용**하느냐 **간접적으로 이용**하느냐의 구분이 있을 뿐이다. 직접 이용에서는 열 유체가 바로 터빈으로 보내져 유체에 함유된 에너지가 역학 에너지로 변환된다. 이런 식의 직접 활용 방식을 '열린 공정'이라 한다. 왜냐하면 늘 새로운 매체가 주입되어야 하기 때문이다. 열 유체를 직접 이용하는 방식은 이미 과열된 증기가 존재하거나 증기 함유량이 많은 지열원에서만 이루어질 수 있다. 일반적으로 증기는 물과 분리된 후 직접 터빈으로 보내진다. 터빈에서 활용되지 못하는 증기는 대기로 발산된다.

2차 순환 과정을 포함하는 설비에서는 열이 열 유체의 열교환기를 거쳐 폐쇄된 2차 순환계로 이송된다. 이런 특성 때문에 이 시스템을 **이원식 설비**라고도 한다(Geothermie Kraftwerke GmbH 2009). 전기 생산에 어떤 공정을 선택할지는 열 유체의 온도에 달려 있다(Wagner 2009, 그림 7.9 참조).

지열을 이용한 전기 생산에는 고온의 열 저장고가 필요하다. 적은 비용으로 전기를 얻을 수 있는 최적의 지역은 대륙판을 따라 발견된다(Petry 2009, 그림 7.2 참조).

2차 순환이 없는 발전

지열원을 직접 난방에 이용하거나 전기 생산에 이용하는 것은 거의 불가능하다. 그래서 지구 내부로부터 에너지를 끌어내 사용하는 방법들이 다양하게 개발되어 있다.

단일 플래시 공정

단일 플래시 공정은 고온수 원천이나 습한 증기 원천에서 이용된다. 이 공정에서는 고온수나 물–증기 혼합체를 분리기(플래시 용기)에 넣어 부분적으로 압력을 완화시켜 증기가 매체로 올라가도록 한다. 이어 처리한 증기를 직접 터빈으로 보낸다. 이 공정의 단점은 전기 추출이 낮다는 것인데, 이는 1차 에너지 일부가 이미 압력 완화 시 발산되어 버리기 때문이다(Wagner 2009).

다중 플래시 공정

다중 플래시 공정은 단일 플래시 공정을 확대한 공정이다. 이 공정에서는 여러 차례의 플래시 과정이 연속해서 이어지며 터빈의 압력 단계에 맞추어 증기가 여러 압력 단계로 완화된다(Wagner 2009).

2차 순환을 포함한 발전

이 발전 기술은 물의 에너지 함유량이 직접 이용하기에는 너무 낮은 경우에 이용된다. 여기서는 열교환기를 통해 지열원의 열이 폐쇄된 순환계로 이송된다. 이 공정은 열수에 농축할 수 없는 가스가 많이 함유되어 있거나 열수가 아주 공격적일 때, 즉 황화수소 함량이 높을 때 유리하다. 또 다른 장점은 열 순환과 발전 순환을 분리함으로써 물 대신 열원의 온도에 알맞은 끓는점을 지닌 다른 매체를 이용할 수 있다는 것이다(Wagner 2009).

유기 랭킨 사이클 발전소

유기 랭킨 사이클(ORC) 발전소에서는 일반적으로

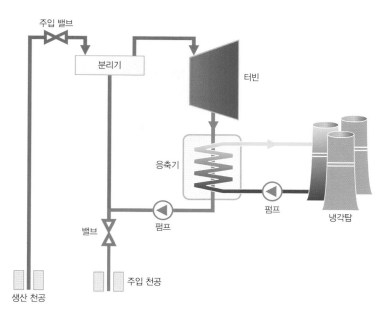

그림 7-11 단일 플래시 공정(Petry 2009 참조하여 작성)

탄화수소나 불화탄소 결합체를 작동유체로 이용한다. 이 매체가 갖는 장점은 물에 비해 끓는점이 현저하게 낮다는 것이다. **그림 7.12**는 ORC 발전소의 구조를 보여 준다. 고온의 열수가 기화기와 사전 가열기에서 열을 작동유체에 주고 주입정을 거쳐 지하로 되돌아간다. 그다음 사전 가열기와 기화기에서 작동유체가 가열되고 이어 터빈에서 압력 완화를 겪게 된다. 습한 증기 구역 밖에서 유기 작동유체의 냉각이 이루어지기 때문에 과열된 증기는 응축되기 전에 온도가 내려가도록 되어 있다. 이것은 이 공정의 맨 마지막 단계에서 일어난다. 그리고 나서 증기가 응축된 뒤에는 흡수 펌프를 통해 땅속으로 되돌아가고 작동유체는 다시 가열된다. 여기서 가장 어려운 작업은 대단히 공격적인 작동유체를 통제하고 작동유체가 누출되지 않도록 설비를 단단히 밀봉하는 것이다(IGA Tec 2010).

칼리나 공정

칼리나(Kalina) 공정은 무엇보다 수온이 아주 낮은 지역(약 90℃)에서도 에너지를 얻을 수 있게 개발되었

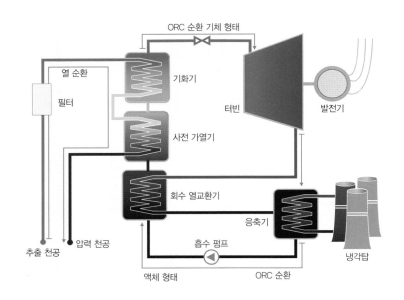

그림 7.12 유기 랭킨 사이클 발전소(Quaschning 2009 참조하여 작성)

다. 이 공정은 직접적으로 지열을 이용할 수 없는 지역에만 적용하기 때문에 작동유체가 필요하다. 작동유체로는 대부분 물보다 끓는점이 낮은 암모니아-물 혼합체가 이용된다. 이 혼합체가 기화되고 응축되는 과정에서 급격한 온도 상승이 일어나게 된다(Quaschn-

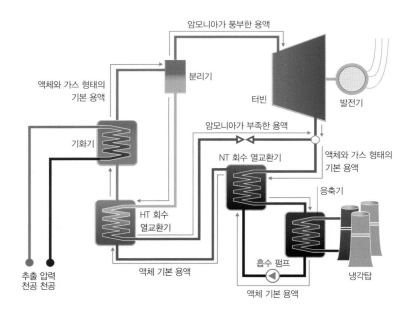

그림 7.13 칼리나 공정(Quaschning 2009 참조하여 작성)

ing 2009). 이 공정이 ORC 공정보다 높은 효율을 얻을 수 있도록 특정한 농도 변화를 주어 이 혼합체를 상한선까지 조절할 수 있다. 칼리나 공정은 ORC 기술을 더 발전시킨 것으로 저온에서도 높은 효율을 보장한다 (그림 7.13 참조). 더구나 암모니아-물 혼합체는 ORC 발전소에서 사용하는 작동유체보다 훨씬 더 환경 친화적이다(Leuschner 2011d).

고온 암체 공정

지열 비정상형이 출현하지 않는 지역에서도 심지층에는 지열에너지를 추출할 수 있는 잠재량이 충분히 존재한다. 이런 관점에서 이용되는 발전 공정이 고온 암체(Hot Dry Rock) 공정이다(그림 7.14). 온천수나 수증기는 없지만 암반 자체가 높은 온도를 보이는, 즉 고온 암체가 발견되는 지역에서 이용된다. 독일에는 예를 들어 5000m 이상의 심지층이 그런 경우이다(BGR 2011). 여기서는 작동유체로 물이 이용된다. 이 정도 깊이에는 수원이 없기 때문에 우선 지표에서 심지층으로 물을 부어 넣어야 한다.

이 공정의 작동 방식은 연속 흐름식 가열기와 비슷하다. 열을 제대로 이용하기 위해서는 위에서 흘려 넣는 물이 가열될 수 있는 빈 구멍이 필요하다. 천공 구멍에 높은 압력으로 물을 밀어 넣는다. 열 때문에 물이 퍼져 나가면서 암체에 금이 가고 틈새가 생겨나게 된다. 이 공정으로 지하에 몇 m³의 틈이 만들어질 수 있다. 그러면 파괴음을 들을 수 있는 관측정을 주변에 굴삭해서 박아 넣어 이 틈이 어떻게 변화하는지를 관측한다. 차가운 물은 주입정을 통해 암체에 만들어진 틈새로 밀려 들어간다. 이곳에서 물은 200℃까지 가열되고 생산정을 통해 지표로 올라간다. 이어 열은 열교환기를 통해 일반 순환 과정으로 이송된다.

전기 생산 과정에서 발생하는 열 또한 이용하게 되면 이 설비의 효율은 훨씬 올라간다. 이 열은 큰 문제 없이 원거리 열망에 연계되어 가정용 난방이나 용수 가열에 이용될 수 있다. 이런 연계를 '열병합발전'이라

부른다. 이 공정은 지금까지는 지열 설비에서는 전혀
이용되지 않았다(BGR 2011). 1970년대에 이미 고온
암체 공정이 시험적으로 이루어졌는데, 이로부터 다
양한 연구 프로젝트가 생겨나게 되었다. 유럽 최
초의 고온 암체 발전소는 바젤에 설치되었다
(K 7.2 참조). 그러나 주입정 천공 과정에서 지진
이 일어나 엄청난 피해가 발생하면서 작업을 중
지했다(Quaschning 2009, Leuschner 2011c). 실
패로 드러난 결과 분석 보고서에 따라 2010년 4
월, 바젤 프로젝트는 결국 중단되고 말았다(Basel
2010).

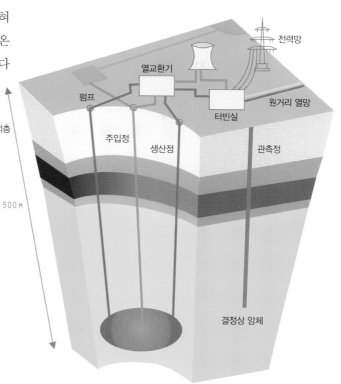

7.5 지열의 경제

지열 발전 비용
투자 비용

지열 발전에 들어가는 총비용 중 가장 많은 부분을
차지하는 것이 투자 비용이다(그림 7.15). 여기에는 사
전 탐사 비용, 천공 작업 비용, 마무리 작업 비용 등이
속하는데, 천공 작업 비용이 가장 많이 든다(Leusch-
ner 2007b). 천공 작업에 드는 표준 비용은 천공 미터
당 1000~2000유로이다(BMU 2009). 만약 5000m 깊
이로 천공한다면 1000만 유로가 드는 것이다. 물론
이 수치는 소재지에 따라 달라진다.

그다음으로 큰 부분을 차지하는 것이 노천 설비 비
용이다. 추출 펌프와 열수 순환에 들어가는 비용이 여
기에 속한다. 다음은 전기 생산에 들어가는 비용이다.
이런 복잡한 기술적 특성 때문에 지열로 전기를 생
산하려면 일반 발전소보다 재정 지원을 많이 받아야
한다. 또한 지열을 난방 에너지로 이용하기 위해서는
열 공급망 설치에 들어가는 비용이 발생한다. 물론 이
런 공급망이 이미 만들어져 있다면 비용은 훨씬 줄
어든다.

그림 7.14 고온 암체 공정(Quaschning 2009, Leuschner 2011c
참조하여 작성)

지열발전소는 전기와 열을 동시에 생산할 수 있다
(열병합). 그러므로 추가로 드는 비용은 일반적으로 이
윤으로 이어진다(BMU 2009).

운영비

지열에너지 자체가 발전소 가동에 이용된다. 이것
은 지열발전소가 갖고 있는 커다란 장점으로, 종래 발
전소와 달리 연료 비용이 들지 않는다는 것이다. 따
라서 지열발전소는 종래 발전소에 비해 운영비가 적
게 든다.

이는 공급 전략적인 측면에서도 유리한 점인데, 지
열로 에너지를 생산하는 사람은 나아가 연료 생산자
로부터 독립적일 수 있기 때문이다. 이는 앞으로 더욱
중요해질 것인데, 연료 매장량이 줄어들면 당연히 가
격이 높아질 것이기 때문이다.

지열발전소를 가동하기 위해서는 우선 펌프와 작

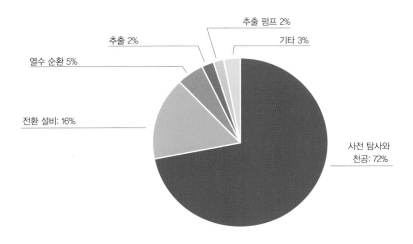

추출 펌프 2%
추출 2%
기타 3%
열수 순환 5%
전환 설비: 16%
사전 탐사와 천공: 72%

그림 7.15 지열 설비의 평균 투자 비용(BMU 2010c 참조하여 작성)

동유체 순환에 필요한 에너지가 필요하다. 이 비용은 설비에 따라 차이가 있지만 총운영비의 20~40%이다 (BMU 2009). 당연히 종래의 발전소와 마찬가지로 정비 작업에 들어가는 비용이나 행정비, 보험료 등은 발생한다. 지열발전소의 설비가 많은 부분 자동화되어 있어 인건비는 적게 든다.

지열발전소의 수익

지열발전소로 얻을 수 있는 수익금은 EEG 28조 전기 구매가에 따른 수익과 열 판매로 벌어들이는 돈으로 구성된다. 열 판매로 얻는 수익은 현지 지역 시장 상황에 달려 있다. 또한 화석연료가 고갈되고 비싸질수록 지열 설비로 수익을 올릴 수 있다.

지열 설비는 전기 판매로 1kWh당 25센트를 받게 된다. 암반열 기술을 이용한 설비로 전기를 생산하게 되면 전기 구매가가 5센트 더 올라간다(Bundestag 2011). 암반열 기술이란 지구 내부에 존재하는 고온 암체 공정과 같은 기술을 말한다(Institut für Geowissenschaftliche Gemeinschaftsaufgaben 2008).

이 구매가는 태양광 설비에 비하면 현저하게 낮다. 물론 지열 설비는 완전 가동 시간이 태양광 설비보다 훨씬 높을 수 있다. 라인-마인 지역의 PV 설비를 예로 들면 완전 가동 시간은 연간 1000시간이다. 이에

비해 지열발전소는 연간 8000시간을 가동할 수 있다 (Böhm 2008). 여전히 연구 개발할 것이 많기 때문에 연방과 주에서는 지열발전 계획을 추가적으로 지원하고 있다(BMU 2009).

지열 설비의 경제성

지열 설비의 경제성을 계산하기 위해서는 전기 생산비를 계산해야만 한다. 여기서 설비의 총비용은 이용 가능한 열과 전기량을 전제하고 드는 비용을 말한다(Werum 2010).

전기 생산에 이용되는 지열 설비는 중부 유럽에서는 비용이 꽤 많이 드는 데다가 다른 재생가능에너지처럼 장기적으로 가동할 수 있는 것도 아니기 때문에, 경제적으로 가장 바람직한 것은 설비를 기저부하 발전소로 운영하는 것이다. 그렇게 되면 전기 생산 비용은 아주 낮아진다.

지열 설비의 경제성은 실제로는 다음과 같은 세 가지 중요한 요소에 달려 있다.

1. 판매할 수 있는 전기 총량
2. 열 이용 총량과 거기서 벌어들일 수 있는 수익금
3. 소재지 조건: 온도가 높을수록 이용 에너지를 생산하는 데 들어가는 비용은 낮아진다.

어떤 상품에서나 마찬가지지만 수요가 가격을 결정한다. 지열 설비에 대한 수요는 지금까지는 아주 낮아서 설비에 들어가는 비용이 여전히 꽤 높은 편이다. 그러나 시장에서 지열 설비 기술의 비중이 점점 커지면 상황은 달라질 수 있다. 이 경우 지열 설비는 미래 에너지 수급에 안성맞춤의 기술인데, 왜냐하면 지열 설비는 온종일 날씨와 상관없이 에너지를 생산할 수 있기 때문이다(BMU 2009). 바로 이 점이 태양에너지와 풍력에너지가 제공할 수 없는 것으로, 앞으로 전력망 운영자들이 맞게 될 크나큰 도전 과제이기도 하다 (2.5 '지능형 전력망-스마트 그리드' 참조).

생태

지열 설비로 발생할 수 있는 환경 영향 조사에서는 설치 과정, 운영 과정, 그리고 설비 해체 시의 영향을 구분해서 조사한다(BMU 2009).

설비를 설치하는 과정에서 환경에 미치는 영향

지열 설비를 설치하기 위해서는 먼저 천공 작업을 해야 한다. 천공 작업의 영향은 석유나 천연가스를 얻기 위한 시추 작업에 비교될 정도이다. 지상에서 가동되는 설비 건설은 종래의 설비와 전혀 차이가 없기 때문에 해당 법적 전제 조건들을 모두 지켜야만 한다(GtV 2010). 그것은 다음과 같다.

▶ 천공 작업에 쓰인 액체와 천공 파편을 처리하고 매립해야 한다.

▶ 토지를 최소한으로 소비하도록 한다(천공 작업을 해서 갱을 파낸 후에 토지를 다시 이용할 수 있어야 함).

▶ 기술 조치로 소음 발생을 최소한으로 줄여야 한다.

천공 작업과 작동유체를 밀어 넣는 작업으로 땅 밑의 저수지가 흔들려 가벼운 지진이 일어날 수도 있다. 대개는 그러하듯 천공 작업에 화석 에너지 운반체가 투입되면 이산화탄소와 질소가 발생하고, 그러면 생태 균형이 악화된다.

설비를 운영할 동안 환경에 미치는 영향

지열 설비가 정상적으로 가동될 때에는 생태적으로 심각한 물질이 배출되지는 않는다. 열수에 존재하는 광물들은 추출되어 지하로 다시 보내진다. 필터링 작업에서 발생하는 고체 찌꺼기들은 폐기 처리를 해야 한다. 지열로 전기를 생산하는 과정에서 발생하는 폐열은 원거리 난방열로 이용될 수 있다. 지하가 조금

냉각됨으로써 화학적 변이를 일으킬 수는 있지만, 그 정도 깊이에서는 식물군이나 동물군에 거의 영향을 미치지 않는다.

지열 설비에서 가장 큰 문제는 새로 설비를 세울 지역의 주민들이 이를 수용하느냐이다. 바젤에서 일어난 사고(K 7.2 참조) 때문에 많은 사람들이 천공 작업으로 지진이 일어날지도 모른다는 두려움을 가져 지열 설비에 대해 매우 비판적인 태도를 보인다.

암반이 냉각되고 압력이 변화하게 되면서 실제로 지진에 불안정한 지대가 생겨나 소형 지진을 일으킬 수는 있다. 그렇지만 이런 위험은 기술적인 설비를 통해 최소화할 수 있다.

또한 지표 붕괴 현상도 일어날 수 있는데, 이는 광산 지대에서 발생하는 붕괴에 비할 만하다. 하지만 이런 붕괴는 수십 년에 걸쳐 서서히 일어나기 때문에 주변 건물 기반 구조에는 전혀 영향을 미치지 않는다(BMU 2010).

설비가 고장 났을 때 환경에 미치는 영향

지열발소가 고장 났을 때에는 열수가 밖으로 새어 나갈 수 있다. 열수에는 소금과 광물질이 함유되어 있는데 이들 물질의 농도에 따라 환경 파괴를 가져오게 된다. 하지만 여러 안전밸브를 통해 고장 시에 발생할 수 있는 위험을 최소화할 수 있다(BMU 2009). 가동 중일 때만이 아니라 천공 단계에서도 고장이 날 수 있는데, 그 예가 바젤에서 일어났던 지진이다(K 7.2 참조). 2006년 인도네시아 자바 섬에서 있었던 분니 화산 천공 작업 실수는 경험이 많은 회사조차도 모든 위험을 확실히 예측할 수는 없다는 것을 보여 준다. 이 분출 사고로 13명이 목숨을 잃었고 2500명 이상의 주민들은 집을 떠나야만 했다. 호주 아델라이드 대학의 연구에 따르면 이 화산은 앞으로도 26년은 더 진흙을 분출할 것이라고 한다. 그 결과 화산 주변 0.5km까지 지반이 내려앉을 수 있고 근처 주거 지역 등이 완전히 파괴

될 수도 있다(N-tv 2011, SZ 2008).

설비 해체

지열발전소의 사용 기간은 열 잠재량과 이 열의 규칙적인 활용에 따라 달라진다. 지열원을 상업용으로 모두 다 써 버렸을 때에는 발전소도 더 이상 활용할 수 없기 때문에 발전소를 해체해야만 한다. 여기에 뜨거운 액체가 통제되지 않은 채로 흘러나올 수 있으므로 천공 구멍들도 밀봉해야만 한다. 건설에서 사용한 강철과 시멘트는 재활용되고 발전소가 위치했던 지면은 다시 경작하게 된다(BMU 2009).

7.7

사례 –미국의 '게이저스'

세계 최초 전기 생산용 지열발전소는 1905년 이탈리아 라델로에서 가동에 들어갔다. 당시 이 발전소의 용량은 겨우 20kW였다. 100년이 지난 지금 전 세계적으로 약 9000MW의 지열발전이 설치되어 있다. 지열발전은 미국, 필리핀, 인도네시아에서 아주 빠른 속도로 발전하고 있다(VDE 2010). 독일에서는 2003년 11월에 메클렌부르크포어포메른 주의 노이슈타트-글레베에 최초의 지열발전소가 210kW로 전력망에 연계되었다. 현재 독일에는 이미 5기의 지열발전소가 설치되어 있고 앞으로 더 설치될 예정이다. 5기의 발전소는 각각 란다우, 운터하잉, 노이슈타트-글레베, 풀라흐, 에어딩에 위치해 있다.

K 7.2 파일럿 프로젝트 바젤 지열발전소

계획

바젤 클라인위닝겐에는 고온 암체 공정으로 작동되는 유럽 최초의 지열발전소가 설치될 예정이었다. 이 지열발전소는 1만 가구에 전기를 공급하고 2700가구에 열을 공급할 계획이었다. 이 프로젝트는 두 단계로 진행되었다. 2007년까지는 열-저수지를 단계적으로 개발하도록 되어 있었다. 당시 최초의 심지층 천공 작업이 이루어졌다. 2007년 초에는 주입된 물로 순환 테스트를 하도록 되어 있었다. 이 시험이 성공적으로 끝나면 2009년에는 추가로 천공 작업을 하고 지상에 발전소를 설치할 예정이었다. 탐사 단계에서만 발생한 비용이 당시 6200만 스위스 프랑(약 7000만 유로)으로 추정된다. 8개의 기업들이 지오파워사(Geopower AG)라는 이름으로 함께 뭉쳐 이 프로젝트 실행에 들어갔다.

실행

2001년에 최초 탐침 조사 작업이 성공적으로 이루어졌다. 이 천공 작업은 이 지대 5000m 심지층에서 약 200℃의 고온 암반을 발견할 수 있다는 가정을 뒷받침해 주었다.

12월 8일에 약 1만 2000m³의 물이 바닥으로 주입되었다. 결과는 세 번의 대형 지진 발생으로 이어졌는데, 이 지진은 리히터 척도로 3, 4에 이르는 강도를 보였다(SZ 2007). 이 때문에 주민들은 불안과 두려움에 떨게 되었다. 이어 이 프로젝트를 진행할 수 있는지를 두고 광범위한 위험 분석이 이루어졌고(Erdwärme-Zeitung 2008), 2009년 11월 말에 다음과 같은 결론에 도달했다. 그것은 지진 위험 측면에서 바젤 지역이 계획된 발전소 설치에 적합하지 않다는 것이었다. 다시 말해 그때까지 계획된 설비 건설을 더 진행하게 되면 또다시 지진이 일어나게 될 확률이 높다는 것이다. 그리고 그 지진은 지금까지 일어난 지진에 맞먹는 것이거나 어쩌면 더 강한 지진일 수도 있다는 것이었다. 위험 분석 전문가들은 프로젝트를 더 진행할 경우에 600만 스위스 프랑(약 700만 유로)의 손실을 보게 될 것으로 추정했다. 발전소 수명을 30년으로 잡고 있어서 손실 비용만 약 2억 1000만 유로가 될 판이었다. 2010년 4월에 최종 측정이 실패로 돌아간 후 결국 그 프로젝트는 중단되고 말았다(Basel 2010).

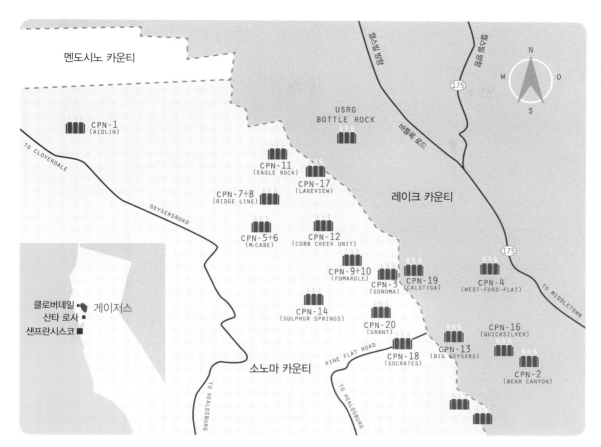

그림 7.16
미국 캘리포니아 지열
지대 게이저스의 위치
(그래픽: GGA 2010).

세계 최대의 지열발전소는 캘리포니아 샌프란시스코 북쪽으로 120km 떨어진 소노마 카운티에 있다. '게이저스(The Geysers)'라 부르는 이 지열 지대는 마야카마스 산맥에 있으며 면적만 80km²에 이른다(그림 7.16). 이미 1960년부터 이곳에서는 지열로 전기를 생산했다. 현재는 게이저스 지대에 22기의 발전소가 가동되고 있다. 발전소는 건조 증기로 작동되고 약 900MW의 출력을 낸다. 이로써 캘리포니아 북쪽 해안 지대 전기 수요의 70%를 충당하고 있다. 이를 평균 4인 가구로 계산해 보면, 100만 가구에 전기를 공급하고 있는 셈이다(GGA 2010).

발전소는 화산 지대에 위치하여 지하로 몇 미터만 내려가도 고온이어서 열을 쉽게 이용할 수가 있다. 열수 저수지는 부분적으로 강수 공급을 받는데, 이 열수는 고온의 암반에 의해 가열되어 기체 형태의 건조 증기로 천공 구멍을 통해 지표로 올라오게 된다. 지표에서 이 증기는 전기에너지로 변환된다(그림 7.17). 게이저스 지대에는 자연적으로 생성된 틈새가 있어 주입 터널로 이용할 수 있으므로 비용이 많이 드는 천공 작업을 할 필요가 없다.

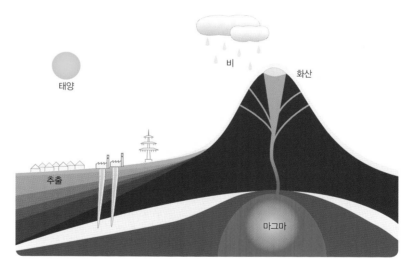

그림 7.17
게이저스의 지열 모델
(Erdwärme- Zeitung
2011 참조하여 작성)

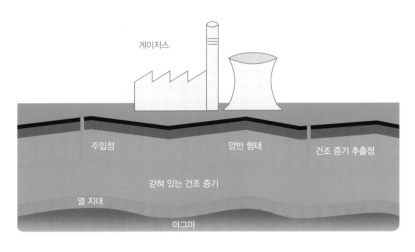

게이저스

주입정　　　　　　암반 형태　　　　　　건조 증기 추출정

갇혀 있는 건조 증기

열 지대

마그마

그림 7.18
게이저스 지대의
단면도(Cotler 2009
참조하여 작성)

7.8 | 결론

지열은 재생가능에너지로 에너지 공급을 전환하는 과정에서 중요한데, 이는 지열발전소가 기저부하 발전소로 이용될 수 있기 때문이다. 그동안 전혀 이용되지 않았다는 점에서 전략적인 에너지 계획에서 결정적인 역할을 할 수 있다. 지금까지 화석 에너지 운반체 또는 핵에너지로 가동되어 온 기저부하 발전소들은 점차 재생가능에너지원으로 대체되어야 한다. 그런데 대부분의 재생가능에너지는 지속적으로 이용할 수가 없다. 태양에너지와 풍력에너지는 예를 들어 태양이 빛나거나 바람이 불 때에만 이용할 수 있다. 이들 에너지를 저장할 수 있는 중간 저장 장치들은 아직 비경제적이거나 효율이 너무 낮아 널리 활용하기 어렵다. 이 점에서 지열은 분명 보완재 역할을 할 수 있을 것이다. 지열발전소는 기존의 발전소와 비슷하게 만능이다. 난방과 냉방을 할 수 있고, 전기를 생산할 수도 있다. 지금까지 지열 난방은 사회에서 가장 좋은 평가를 받고 있다.

물론 지열발전에도 부정적인 측면이 많다. 지진 위험이나 높은 투자 비용 같은 부정적인 면은 신중하게 고려해야만 한다. 그러나 전반적으로 지열은 미래에 가장 많이 이용될 에너지원이라 할 수 있다. 설비의 효율을 높이고 건설과 설치 비용을 현저히 낮추면, 경제적으로 지열 설비를 가동할 수 있고 지열에 대한 호평도 늘어나게 될 것이다.

표 7.1
지열의 장점과 단점

장점	연구/출처
■ 독일에서 큰 잠재량을 지닌다. ■ 다양한 환경 친화적 응용 영역을 지닌다.	연방환경부(BMU): 독일의 심지층 지열
■ 지표 가까운 지열의 잠재량이 크다.	태양에너지연구연합: 열과 냉각-태양과 지구에서 얻는 에너지 튀링겐 환경 및 지질청(TLUG): 지표 가까운 지열의 이용

단점	연구/출처
■ 투자 비용이 높다. ■ 효율이 낮다. ■ 환경 파괴적이다.	연방환경부(BMU): 독일의 심층 지열 Tab 연구: 독일에서의 지열 전기 생산 가능성
■ 비경제적이다. ■ 지열로 전기를 생산하는 기술은 아직 시작 단계이다.	RWE: 오버라인그라벤에서의 지열 전기 생산

8
전망

에너지는 21세기의 핵심 주제 중 하나이다. 이미 1970년대 1차 석유 위기 때부터 독일에서는 에너지 정책이 중요한 논쟁 주제가 되었다. 화석연료의 저장량이 줄어들고 있는 데다 화석연료가 기후변화에 미치는 영향이 큰 것으로 거론되고 있으며 자원을 둘러싼 지정학적 싸움을 가열시키고 있다. 이런 시각에서 보자면 재생가능에너지는 일정 부분에서는 붐을 일으키는 산업으로 성장하고 있으며 화석연료의 대안이 되고 있다.

그런데 재생가능에너지가 정말 에너지 전환에 필요한 잠재력을 갖고 있는 것일까? 실제로 전 세계 에너지 수요를 결정적으로 감당할 수 있을까? 아니면 재생가능에너지가 물리적, 기술적, 생태적, 또는 하부구조적으로 한계에 부딪혀 실패하는 걸까?

재생가능에너지의 잠재력은 엄청나지만 아직 충분히 이용되지 않고 있다. 재생가능에너지는 다양한 지원 프로그램의 도움을 받아 잘 나아가고 있지만, 다른 경제 영역에서는 이런 도움을 받지 못하고 있다. 또 다른 큰 문제가 태양과 바람으로 전기를 생산할 때 나타나는 유동성이다. 그와 다르게 지열과 같은 에너지원은 특정 지역에서만 이용할 수 있으며, 필수적인 배분-저장용 하부구조가 아직 마련되어 있지 못하다.

그럼에도 태양에너지, 바이오매스, 지열, 수력, 풍력 등의 에너지원으로 구성된 다양한 에너지믹스는 가능하다. 이는 무엇보다 조건 없는 정치적 의지와 충분한 투자자가 있을 때 그러하다. 이런 전제 하에서 현존하는 전력망을 재생가능에너지를 토대로 스마트 그리드로 확장하게 되면, 화석 에너지 운반자 없는 CO_2 중립 에너지 공급이 이루어질 수 있다. 실제로 모든 재생가능에너지 생산 기술이 미래 에너지믹스에서 일정

그림 8.1 조감도로 본 마스다르 시 설계안. 시 주변으로 온통 재생가능에너지를 사용하도록 되어 있음을 알 수 있다. 설계안 왼쪽으로 태양열발전 단지를 볼 수 있다(출처: Masdar-City 2010).

한 역할을 하게 될지, 이 기술들이 미래에 어떻게 발전할지는 정확히 예측하기 어렵다. 그렇지만 덴마크 삼쇠 섬이나 아랍에미리트 아부다비에 계획된 마스다르 시 프로젝트와 같은 선구적인 프로젝트는 이 기술들이 어떻게 발전해 갈 것인지를 보여 준다.

삼쇠 섬
(덴마크)

덴마크의 섬 삼쇠는 112km² 면적으로 4000명의 인구가 살고 있다. 삼쇠 섬은 최근 거의 모든 지구상의 국가들이 도달하고자 하는 목표에 이르렀다. 이 섬은 전적으로 재생가능에너지로만 에너지를 공급하고 있다. 이로써 완전히 화석 에너지와 수입하고 있는 에너지 담지자로부터 독립했고 상승하는 에너지 가격으로부터도 자유로워졌다. 이 섬은 1997년에 덴마크 정부에서 행한 '100% 재생가능에너지 섬' 공모에서 1등을 차지했다. 이 공모전에서 1등을 한 섬은 10년 안에 재생가능에너지로 완전히 전환을 이루어 CO_2 중립 섬이 되어야만 하는 것이었다. 이미 2003년에 샘싱어(섬 주민들은 스스로를 이렇게 부른다)들은 목표치를 달성했다.

그 후 카테가트 해협에 있는 이 조그만 섬은 에너지 전환의 모델이 되었고 기후 보호자들의 메카가 되었다. 지금 삼쇠 섬에서는 풍력, 태양광 설비, 짚 연소 설비와 우유 열교환기 등으로 섬에서 필요한 수요보다 더 많은 에너지를 생산하고 있다. 전기 수요는 풍력으로 충당되고 열 수요의 75%는 태양에너지와 바이오매스로 공급되고 있다. 그리고 잉여 에너지는 육지로 수출된다. 삼쇠에너지아카데미에서는 샘싱어들이 자신들의 경험과 그들이 획득한 재생가능에너지에 관한 지식을 지구 곳곳에서 찾아온 방문객들에게 전하고 있다.

마스다르 시
(아랍에미리트)

마스다르 시는 아랍에미리트연방의 수도인 아부다비에서 약 30km 떨어진(Abu Dhabi 2009) 아부다비 국제 공항 바로 옆에 위치해 있다(그림 8.1). 마스다르(Masdar)라는 이름은 아랍어에서 유래한 것으로 샘 또는 원천이라는 뜻이다(GEO 2011). 마스다르 시는

그림 8.2
마스다르 시티 건물.
건축가 노먼 포스터가
명망 높은
이 프로젝트를 위해
대표 건축물을
설계했다
(출처: Masdar-City
2010).

시에서 필요한 에너지를 전적으로 재생가능에너지로 생산해 완벽하게 CO_2 중립 도시가 될 예정이다. 특별히 개발된 지속 가능 설계로 1인당 에너지 소비가 25% 줄어들도록 했다. 이 야심 찬 프로젝트는 2008년 시공과 함께 시작되었다(Arab Forum 2011). 이를 위해 총 220억 미국 달러가 투자되었다. 원래는 2016년부터 약 5만 명이 마스다르 시에 거주하고 일을 하게 계획되어 있었다. 그런데 최근 이 '녹색 도시'의 완공이 빨라야 2020년으로 연기되었다. 그렇지만 1단계 완공은 예정대로 2013년에 마칠 것으로 보인다(FAZ 2010).

도시의 물 공급은 태양에너지로 가동되는 담수화 설비에 의해 안정적으로 이루어지도록 되어 있다. '마스다르 과학기술대학'으로 불리는 자체 대학은 전적으로 '재생가능에너지' 주제만을 다루게 된다. 이 대학의 학생들은 건설 프로젝트와 마스다르 시의 생태적 측면을 만들어 가는 과정에 영향을 미치게 될 것이다.

마스다르 시에서는 연소 모터를 장착한 차량이 없다. '일반' 자동차들은 그곳에서는 금지된다. 그래서 이 녹색 도시는 짧은 거리의 도시이며, 누구나 이 도시에서는 도보로, 자전거로, 또는 세그웨이(미국의 발명가인 딘 카멘이 2001년 공개한 1인용 스쿠터-옮긴이)로 편안하게 다닐 수 있다. 대중교통을 위해 세계에서 처음으로 새로운 교통수단이 개발되었다. 이른바 개인용 고속 수송 수단 'PRT'의 등장이다. 이는 전기 차량으로 가느다란 전자석 선로 위를 다니며 6명의 승객을 태우고 1500여 곳으로 이동할 수 있다(Treehugger 2011). PRT 외에 철도 노선도 있어 마스다르 시와 공항, 수도 아부다비를 연결하게 된다.

아랍에미리트는 기온이 늘 30℃ 정도이기 때문에 에너지를 많이 쓰지 않고도 쾌적한 온도를 만들어 내

그림 8.3 마스다르 시 도심. 조명과 그늘조차도 철저히 계획되었다. 건물과 태양열 집열기가 그늘을 제공한다 (출처: Masdar-City 2010).

그림 8.4
바깥은 뜨겁고 안은
서늘하다—지열을
이용한 마스다르 시의
건물 냉방
(출처: Masdar-City
2010)

기 위한 다양한 방법이 개발되었다. 건축가 노먼 포스터는 한편으로 패시브 냉각 효과를 활용했다. 그는 한 건물이 공공 대로와 다른 건물들에 대해서 그늘을 제공할 수 있도록 건물을 설계했다(GEO 2011). 태양열 집열기는 발전기로서만이 아니라 그늘을 제공하는 역할도 함께 하게 된다.

건물의 활성 냉각을 위해서는 바닥 존데를 설치해 서늘한 지하에서 공기가 건물로 들어와 쾌적한 20℃를 유지하도록 했다(Masdar 2010).

완벽하게 CO_2 중립인 도시를 상상하는 것은 이처럼 멋질 수 있지만 현실로 이를 실현하는 데에는 많은 장애가 따른다. 첫 삽을 뜬 지 1년 반도 채 되지 않은 2009년 말에 시의 기업연합 마스다르의 대표와 많은 비판자들이 이 프로젝트에 의구심을 나타내기 시작했다. 이에 따라 마스다르 시 계획이 재정적으로 가능한 것인지를 조사한다는 조건으로 8주 동안 공사가 중지되었다. 이렇게 된 데에는 내부적인 사정이 있었던 것으로 보인다. 최근 아랍에미리트에 수많은 마천루들이 완공되면서 주택 가격이 떨어져 버렸다(SZ 2009). 여기에 혁신적이고 역동적인 이 프로젝트를 진두지휘하는 이들이 자주 바뀌면서 프로젝트의 진전에 부정적인 영향을 미친 것이다(FAZ 2010). 지속가능성 계획과 연관해서 또 다른 부정적인 압력이 있었다. 아랍에미리트는 2007년에 1인당 28.213톤의 CO_2 배출량을 기록해서 세계에서 두 번째로 1인당 CO_2 배출이 높은 것으로 드러났다(OE24 2007). 마스다르 시에서 25%를 감소한다고 해도 1인당 배출량이 미국의 배출량에 필적한다.

그러나 긍정적인 이야기도 들린다. 예를 들어 마스다르 시는 베를린과 빈을 제치고 국제재생가능에너지기구(IRENA)의 새로운 고향이 된 것이다(FAZ 2010).

8.3 복합 발전소 슈마크 (독일)

삼쇠 섬과 명망 높은 마스다르 시와는 멀리 떨어져서 2007년부터 독일 전문가들은 재생가능에너지를 되도록 빨리 대단위로 확대시키기 위해 노하우를 모으고 있다. 재생가능에너지의 핵심 문제 중 하나는 서로 다른, 그래서 계획하기가 어려운 에너지 생산 문제이다. 재생가능에너지로 안정적인 전기 공급이 이루어질 수 있도록 연구자들은 소위 복합 발전소 또는 가상 발전소 연구에 힘을 쏟고 있다. 복합 발전소란 분산된 여러 다양한 발전소를 함께 연결한 것을 말하는데, 이들 발전소의 총량으로 지금까지 대형 발전소가 공급한 만큼의 에너지를 생산할 수 있다.

이와 같은 재생가능에너지 복합 발전소의 좋은 예가 슈마크사, 솔라월드사, 에너콘사의 파일럿 프로젝트인데, 이들은 이 프로젝트에서 공동으로 독일 전역으로 분산되어 있는 11개의 풍력발전 설비, 20기의 태양광발전 설비, 4기의 바이오가스 설비와 1기의 양수 발전소로 구성된 복합 발전소를 시험해 보았다. 설치된 총용량은 22.1MW이며, 풍력 12.6MW, 태양 5.5MW, 바이오가스 4.0MW로 분산되어 있었다.

발전소를 안정적으로 가동하기 위해서 분당 실제로 필요한 전기 수요를 모든 발전소들의 시점 규모로 이용했다. 부하 프로파일이라고 하는 이 전기 수요는 중앙 제어부로 보내진다. 또한 독일 기상청의 예측치들도 이 중앙 제어부로 보내지는데, 이것은 풍력 세기와 일사 시간을 알려 준다. 중앙 제어부는 전력망으로 들어오는 전기와 수요를 비교하여 서로 다른 종류의 발전소들에 전기 공급 신호를 보내거나 전기 공급을 중단하도록 한다. 전기 수요를 태양에너지와 풍력에너지만으로 충당할 수 없는 경우에는 바이오가스 발전소 용량을 키우게 된다. 이와 반대로 소비자들이 사용하는 것보다 더 많은 전기가 생산되는 경우에는 이 전기를 양수 발전소의 저수지를 채우는 데 이용한다. 첨두부하 시, 예를 들어 점심 시간에는 이 양수 발전소 저수지를 비워 전기를 생산하게 된다. 이 복합 발전소는 재생가능에너지로 전기 공급을 100% 안정적으로 할 수 있음을 보여 주었다. 이와 같은 복합 발전소는 1만 2000가구, 예를 들어 슈배비슈 할과 같은 도시의 에너지 수요를 충당할 수 있다.

이 프로젝트에 대한 더 많은 정보는 인터넷 사이트 www.kombikraftwerk.de에서 볼 수 있다(이 프로젝트는 1단계에 이어 2단계로 접어들었는데 이 2단계 프로젝트도 2013년 12월 말에 종료되었다. - 옮긴이).

Solarenergie
Windenergie
Wasserkraft
Bioenergie
Geothermie

1   1

Kernenergie

500m

9
결론

지난 20년간 재생가능에너지는 주요한 산업 분야로 성장했으며 이에 대한 대중적인 관심도 대단히 높아졌다. 이전과 마찬가지로 여전히 화석연료가 에너지 공급에 지배적인 지위를 차지하고 있기는 하지만, 화석 에너지 운반체의 고갈, 화석연료가 환경과 기후에 미치는 극심한 영향 및 에너지 시장에서의 가격 상승 등을 고려해 보면 재생가능에너지가 에너지 분야에서 점점 중요한 역할을 차지하게 될 것이 틀림없다. 현재 재생가능에너지는 세계 1차 에너지 수요의 극히 일부만을 담당하고 있지만 기후변화와 화석연료의 고갈은 세계 에너지 시장이 가야 할 방향을 아주 분명히 정해 주고 있다.

재생가능에너지의 잠재력은 이론적으로만 존재하는 것이 아니다. 데저텍 프로젝트나 다른 대형 해상 풍력 단지와 같은 프로젝트 등은 새로운 길을 보여 준다.

이것들은 전 세계의 지속 가능한 에너지 공급의 중추가 될 수 있다. 지능형 전력망과 짝을 이루면 산업국가들의 에너지 기갈조차 태양에너지, 바이오매스, 지열, 수력, 풍력으로 된 에너지믹스로 채울 수 있게 된다.

화석, 즉 고갈되는 연료로부터 재생가능에너지로의 패러다임 전환은 이미 몇 년 전부터 분명히 나타나고 있다. 앞으로 재생가능에너지는 계속해서 기후정책에 따른 지원 프로그램으로부터 이득을 볼 것이 분명하며 화석 에너지 운반체는 장기적으로 가격 상승을 맞게 될 것이다. 에너지 효율, 절약과 공급 영역에서 혁신이 일어나면 21세기는 재생가능에너지의 시대가 될 수 있다. 삼쇠 섬이나 마스다르 시의 선구적인 프로젝트들은 순수하게 재생가능에너지 운반체로 에너지를 공급하는 미래가 어떠할지를 보여 준다.

재생가능에너지들 사이에서 균형을 잡고 서로 협동

하는 것도 가능하게 될 것이다. 예를 들어 분산형의 복합 발전소에서는 다양한 재생가능에너지 발전소들이 서로 연계될 수 있다. 그럼으로써 약한 곳들이 생길 때마다 서로 보완하면서 균형이 잡히게 된다. 이런 식으로 각각의 에너지가 지니는 긍정적 특성들을 활용할 수 있다. 재생 전기 생산의 대부분은 풍력과 태양광으로 충당할 수 있다. 바이오가스 발전은 태양과 풍력의 유동성을 보완할 수 있는데, 바이오가스 발전은 수요에 맞추어 전기를 생산할 수 있기 때문이다. 이와 비슷한 역할을 양수 발전이 맡을 수 있다. 양수 발전은 재생 전기 공급이 남아돌 때 저장소 역할을 할 수 있기 때문이다. 지열에서는 앞으로 몇 년간에 걸쳐 진행될 기술 발전이 결정적이다. 최적의 경우, 지열은 풍력과 태양에너지와 함께 기저부하 공급에 이용될 수 있다.

재생가능에너지는 향후 몇십 년 동안 독자적인 에너지 수송자로 발전하게 될 것이다. 이는 기후 보호만이 아니라 무엇보다 화석 에너지원의 종말에서 비롯된다. 따라서 사람들은 앞으로 '재생가능에너지' 주제를 더 집중적으로 다루게 될 것이 틀림없다.

BMU 2010: Bundesministerium für Umwelt, Naturschutz und Reaktorsicherheit (BMU) (2010), *Entwicklung der erneuerbaren Energien in Deutschland im Jahr 2009, Erneuerbare Energien,* Homepage: www.erneuerbare-energien. de/files/pdfs/allgemein/application/pdf/ee_ hintergrund_2009_bf.pdf, 18. April 2010.

BMU 2010a: Bundesministerium für Umwelt, Naturschutz und Reaktorsicherheit (BMU) (2010), *Strom aus erneuerbaren Energien, Erneuerbare Energien,* Homepage: www.bmu.de/ erneuer bare_energien/downloads/doc/44594. php, 18. April 2010.

BMU 2010b: Bundesministerium für Umwelt, Naturschutz und Reaktorsicherheit (BMU) (2010), *Kurzinfo Wasserkraft,* Homepage: www.erneuerbare-energien.de/inhalt/4644/,15. Mai 2010.

BMU 2010c: Bundesministerium für Umwelt, Naturschutz und Reaktorsicherheit (BMU) (2010), *Entwicklung der erneuerbaren Energien in Deutschland im Jahr 2009,* Erneuerbare Energien Homepage: www.erneuerbare-energien.de/files/pdfs/allgemein/application/ pdf/ee_in_deutschland_graf_tab_2009.pdf, 03. September 2010.

BMU 2010d: Bundesministerium für Umwelt, Naturschutz und Reaktorsicherheit (BMU) (2010), *Vergütungssätze und Degressionsbeispiel nach dem Erneuerbare-Energien-Gesetz (EEG) vom 31. Oktober 2008 mit Änderungen vom 11. August 2010,* Erneuerbare Energien Homepage: www.erneuerbare-energien.de/files/pdfs/allgemein/application/pdf/ eeg_2009_verguetungsdegression_bf.pdf, 14.

Januar 2011.

BMU 2010e: Bundesministerium für Umwelt, Naturschutz und Reaktorsicherheit (BMU) (2010), *Konferenzbericht: Klimawandel, Extremwetterereignisse und Gesundheit,* BMU Homepage: bundesumweltministerium.de/ gesundheit_und_umwelt/downloads/doc/47580. php, 25. Juli 2011.

BMU 2010f: Bundesministerium für Umwelt, Naturschutz und Reaktorsicherheit (BMU) (2010), *Das Erneuerbare-Energien-Wärmegesetz im Überblick,* BMU Homepage: www. bmu.de/files/pdfs/allgemein/application/pdf/ ee_waermegesetz_fragen.pdf, 25. April 2010.

BMU 2011: Bundesministerium für Umwelt, Naturschutz und Reaktorsicherheit (BMU) (2011), *Entwurf eines Gesetzes zur Umsetzung der Richtlinie 2009/28/EG zur Förderung der Nutzung von Energie aus erneuerbaren Quellen,* www.bmu.de/files/pdfs/allgemein/application/ pdf/kabinett vorlage_entw_eagee_bf.pdf, 23. Februar 2011.

BMU 2011a: Bundesministerium für Umwelt, Naturschutz und Reaktorsicherheit BMU (2011a), *Entwicklung der Erneuerbaren Energien in Deutschland im Jahr 2010,* Erneuerbare Energien Homepage: www.erneuerbare-energien.de/files/pdfs/allgemein/application/pdf/ ee_in_deutschland_graf_tab.pdf, 23. M.rz 2011.

BMU 2011b: Bundesministerium für Umwelt, Naturschutz und Reaktorsicherheit BMU (2011b), *Fragen und Antworten zum Wärmegesetz,* Erneuerbare Energien Homepage: www.erneuerbare-energien.de/inhalt/40704/41719/#61, 01. Februar 2011.

BMU2010e: Bundesministerium für Umwelt, Naturschutz und Reaktorsicherheit (BMU) (2010), *Tiefe Geothermie,* Erneuerbare Energien Homepage: www.erneuerbare-energien.de/files/pdfs/allgemein/../tiefe_geothermie.pdf, 27. Juli 2011.

Bogomolov 1958: Bogomolov, G. V. (1958), *Grundlagen der Hydrologie,* Deutscher Verlag für Wissenschaften, Berlin.

Böhling 2009: Böhling, A. (2009) *Wüstenstrom –von der Vision zur Wirklichkeit: Perspektiven solarthermischer Kraftwerke,* Greenpeace Homepage: www.greenpeace.de/fileadmin/gpd/user_upload/themen/energie/fs_090527_wuestenstrom_endv.pdf, 02. Mai 2010.

Böhm 2008: Böhm, C. (2008), *Analyse der Stromgestehungskosten von Erneuerbaren Energien heute und in Zukunft,* Grin Verlag, München.

Borsdorf/Hoffert 2003: Borsdorf, A. und Hoffert, H. (2003), *Naturräume Lateinamerikas – Itaipú – das weltgrößte Wasserkraftwerk,* Homepage: www.lateinamerika-studien.at/content/natur/natur/natur-1194.html, 20. Mai 2010.

Boxer 2011: Boxer Infodienst (2011), *Photovoltaik – Solarzellen, Boxer* Homepage: www.boxer99.de/photovoltaik_solarzellen.htm, 12. August 2011.

Bremer Energie Institut 2003: Bremer Energie Institut(2003), *Ermittlung der Arbeitsplätze und Beschäftigungswirkungen im Bereich der Erneuerbaren Energien,* Bremen.

BtV 2010: Bundesverband Geothermie (2010), *Direkte Nutzung geothermische Energie weltweit(Stand 2010),* GtV Homepage: www. geothermie.de/wissenswelt/geothermie/geothermie-welt weit.html, 27. Juli 2011.

Bührke/Wengenmayr 2007: Bührke, T. und Wengenmayr, R. (2007), *Erneuerbare Energie,* WILEYVCH Verlag, Weinheim.

Bundesanstalt für Geowissenschaften und Rohstoffe 2009: Bundesanstalt für Geowissenschaften und Rohstoffe (2009), Energierohstoffe 2009, BGR Homepage: www.bgr.bund.de/cln_144/nn_322848/DE/Themen/Energie/Produkte/energierohstoffe__2009.html, 15. April 2010.

Bundesnetzagentur 2011: Bundesnetzagentur (2011), *Pressemitteilung: Bundesnetzagentur-veröffentlicht aktuelle Zahlen über den Zubauv-on Photovoltaikanlagen,* Bundesnetzagentur Homepage: www.bundesnetzagentur.de/SharedDocs/Downloads/DE/BNetzA/Presse/Pressemitteilungen/2011/110616_Photovoltaik Zahlen_pdf.pdf;jsessionid=5D06D86DDCB3F189B5C496059B8A51B8?__blob=publicationFile, 16. Juni 2011, Bonn.

Bundesrat 1990: *Entwurf eines Gesetzes über die Einspeisung aus erneuerbaren Energien in das öffentliche Netz (Stromeinspeisungsgesetz),* Gesetzesbeschluss des deutsche Bundestages vom 05. Oktober 1990.

Bundestag 2008: Bundestag (2008), *Erneuerbare-Energien-Gesetz vom 25. Oktober 2008 (BGBl. I S. 2074), das zuletzt durch das Gesetz vom 11. August 2010 (BGBl. I S. 1170) geändert worden ist,* Homepage: www.eeg-aktuell.de/fileadmin/user_upload/Downloads_Politik/EEG_neu. pdf, 15. Mai 2010.

Bundestag 2009: Bundestag (2009), *Gesetz zur Förderung Erneuerbarer Energien im*

Wärmebereich (Erneuerbare-Energien-Wärmegesetz(EEWärmeG)), Bundesministerium für Umwelt, Naturschutz und Reaktorsicherheit (BMU) Homepage: www.bmu.de/files/pdfs/allgemein/application/pdf/ee_waermeg.pdf, 25. April 2010.

Bundestag 2011: *Gesetz für den Vorrang Erneuerbarer Energien (Erneuerbare-Energien-Gesetz –EEG); Konsolidierte (unverbindliche) Fassung des Gesetzestextes in der ab 01. Januar 2012 geltenden Fassung,* Bundestagsdruck 2011.

Bundesverband deutscher Wasserkraftwerke e.V. 2010: Bundesverband deutscher Wasserkraftwerke e.V. (2010), Homepage: www.wasserkraft-deutschland.de/pageID_4548391.html, 12. Mai 2010.

Bundesverband Erneuerbare Energien (BEE) 2009: Bundesverband Erneuerbare Energien(BEE) (2009) Stromversorgung 2020 – Wege ineine moderne Energiewirtschaft, Berlin, Homepage: www.bee-ev.de/_../2009/090128_BEE-Branchenprognose_Stromversorgung2020.pdf, 04. April 2011.

Bundesverband Erneuerbarer Energien 2010a: Bundesverband Erneuerbarer Energien (2010), *Wasserkraft: Erneuerbare Energie mit Traditionen,* Homepage: www.bee-ev.de/Erneuerbare-Energien/Wasserkraft.php, 08. Mai 2010.

Bundesverband Erneuerbarer Energien 2010b: Bundesverband Erneuerbarer Energien (2010), *Bioenergie: vielfältig nutzbar,* Homepage: www.bee-ev.de/Erneuerbare-Energien/Bioenergie.php, 08. Mai 2010.

Bundesverband Geothermie (GtV) 2010: Bundes-verband Geothermie (GtV) (2010), *Ökologische Aspekte der Geothermie,* GtV Homepage: www.geothermie.de/wissenswelt/geothermie/einstieg-in-die-geothermie/oekologischeaspekte.html, 13. Juli 2010.

Bundesverband Solarwirtschaft e.V. 2010a: Bundesverband Solarwirtschaft e.V. (2010), *Statistische Zahlen der deutschen Solarwärmebranche(Solarthermie),* Solarwirtschaft Homepage: www.solarwirtschaft.de/fileadmin/content_files/Faktenblatt_ST_apr10.pdf, 25. April 2010.

Bundesverband Solarwirtschaft e.V. 2010b: Bundesverband Solarwirtschaft e.V. (2010), *Statistische Zahlen der deutschen Solarstrombranche(Photovoltaik),* Solarwirtschaft Homepage: www.solarwirtschaft.de/fileadmin/content_files/Faktenblatt_PV_apr10.pdf, 25. April 2010.

Bundesverband Windenergie e.V. (BWE) 2010a: Bundesverband Windenergie e.V. (BWE) (2010), *Technik,* BWE Homepage: www.wind-energie.de/de/technik/entstehung/, 14. Juli 2010.

Bundesverband Windenergie e.V. (BWE) 2010b: Bundesverband Windenergie e.V. (BWE) (2010), Statistik Center, BWE Homepage: www.windenergie. de/de/statistiken/, 14. Juli 2010.

Bundesverband Windenergie e.V. (BWE) 2011: Bundesverband Windenergie e.V. (BWE) (2011), *Rohstoffreserven – es wird knapp!,* BWE Homepage: www.wind-energie.de/de/themen/zukunft-der-energie/rohstoffreserven/, 30. Mai 2011.

Cehak/Liljequist 1994: Cehak, K., Liljequist,

G.H.(1994), Allgemeine Meteorologie, Vieweg Verlag, Braunschweig, Wiesbaden.

Cleanthinking 2010: Cleanthinking (2010), *Solar News: Schüco übernimmt insolvente Sunfilm AG,* Cleanthinking Homepage: www.clean thinking.de/schueco-sunfilm-solar/7171/, 02. Januar 2011.

Cleanthinking 2011a: Cleanthinking (2011), *Größtes Solarkraftwerk der Welt entsteht mit Hilfe von Solar Millennium,* Cleanthinking Homepage: www.cleanthinking.de/solar-news-spatenstich-fur-blythe-solar-power-project/15372/, 19. August 2011.

Cleanthinking 2011b: Cleanthinking (2011), *Intersolar: Trends der Solarthermie-Branche,* Cleanthinking Homepage: www.clean-thinking. de/intersolar-trends-solarthermie-branche/14851/, 06. Juni 2011.

Conergy 2009: Conergy (2009), *Dünnschicht-module aus dem Solarpark Hörup,* Conergy Homepage: www.conergy.de/showImage. aspx?rid=14816&title=, 25. Mai 2010.

Cotler 2009: Cotler, S. (2009), *Schnittzeichnung,* Cotler Homepage: stevecotler.com/tales/wp-content/uploads/2009/07/the-geysersschematic_2.jpg, 20. Mai 2010.

Das Energieportal 2007a: Das Energieportal (2007), Der regenerative Kreislauf der Wasserenergie, Energieportal Homepage: www.dasenergieportal.de/startseite/wasserenergie/details-zu-wasserenergie/, 08. Mai 2010.

Das Energieportal 2007b: Das Energieportal (2007), Größtes Gezeitenkraftwerk in Großbritannien geplant, Homepage: www.das-

energieportal.de/startseite/nachrichtendetails/datum/2007/10/09/eintrag/groesstes-gezeiten-kraftwerk-ingrossbritannien- geplant/, 15. Juli 2010.

Das Energieportal 2007c: Das Energieportal (2007), Energieversorgung der Zukunft – Strom, Wärme und Kraftstoffe aus Biomasse, Homepage: www.das-energieportal.de/start-seite/bio energie/details-zu-bioenergie/, 15. Juli 2010.

Das Energieportal 2009: Das Energieportal (2009), Jahresbilanz zu erneuerbaren Energien, Energieportal Homepage: www.das-energie portal.de/startseite/nachrichtendetails/da-tum/2009/01/12/eintrag/jahresbilanz-2008-zu-2008-zu-errneuerbaren-energien/, 08. Mai 2010.

DENA 2010: Deutsche Energie-Agentur GmbH (2010), *dena-Netzstudie II. Integration erneuerbarer Energien in die deutsche Stromversorgung im Zeitraum 2015 – 2020 mit Ausblick 2025,* Berlin, 01. November 2010.

DENA 2010a: Deutsche Energie Agentur GmbH (dena) (2010), *Wirtschaftlichkeit von Wasserkraftanlagen,* dena Homepage: www. themaenergie.de/energie-erzeugen/erneuerbare-energien/wasserkraft/grundlagen/wirtschaftlichkeitvon-wasserkraftanlagen.html, 01. Mai 2010.

DENA 2010b: Deutsche Energie Agentur GmbH (dena) (2010), *Biomasse,* Homepage: www. themaenergie.de/energie-erzeugen/erneuer bare-energien/biomasse.html, 15. Juli 2010.

DENA 2010c: Deutsche Energie Agentur GmbH (dena) (2010), *Analyse der Notwendigkeit des*

Ausbaus von Pumpspeicherwerken und anderen Stromspeichern zur Integration der erneuerbaren Energien, Berlin, Homepage: www.dena. de/../Zusammenfassung_Endbericht_PSW_-_Integration_EE_dena.pdf, 04. April 2011.

DENA 2010d: Deutsche Energie Agentur GmbH (dena) (2010), *Wasserkraft,* dena Homepage: www.thema-energie.de/energie-erzeugen/erneu erbare-energien/wasserkraft.html, 14. Juli 2010.

DENA 2011a: Deutsche Energie-Agentur(2011), *Rahmenbedingung und Marktentwicklung,* DENA Homepage: www.renewables-made-in-germany.com/de/start/solarenergie/solar thermische-kraftwerke/marktentwicklung.html, 12. August 2011.

Dena 2011b: Deutsche Energie-Agentur dena (2011), *Smart Metering,* BINE Homepage: www.bine.info/fileadmin/../2011-07_Smart_Metering_Info_dena.pdf, 01. August 2011.

DENA 2011c: Deutsche Energie-Agentur dena (2011), *Gravitationsenergie nutzen – Gezeitenkraftwerke,* DENA Homepage: www.thema-energie. de/energie-erzeugen/erneuerbare-energien/wasserkraft/kraftwerkstypen/gezeitenkraftwerke. html, 10. September 2011.

Desertec 2009: Desertec (2009), *12 Unternehmen planen Gründung einer Desertec Industrial Initiativ,* Desertec Homepage: www.desertec. org/fileadmin/downloads/press/09-07-13_PM_DII_deutsch.pdf, 13. Juli 2011.

Desertec 2010: Desertec (2010) *DESERTEC-EU-MENA Map,* Desertec Homepage: www. desertec.org/de/presse/mediathek/bildmaterial/, 02. Mai 2010.

Deutsche Gesellschaft für Sonnenenergie

e.V. (DGS) 2009: Deutsche Gesellschaft für Sonnenenergie e.V. (DGS) (2009), *Solare Schwimmbaderwärmung in Freibädern,* DGS Homepage: www.dgs.de/fileadmin/files/SOL-POOL/WP3_owners_and_operators/D10_Leaf-lets/1_DGS_SOLPOOL_leaflet_GERMAN_D10.pdf, 17. April 2010.

Deutsche Gesellschaft für Sonnenenergie e.V. (DGS) 2011: Deutsche Gesellschaft für Sonnenenergie e.V. (DGS) (2011), *Sonnenkollektoren: Typen und Einsatz,* Solarserver Homepage: www.solarserver.de/wissen/sonnenkollektoren. html, 15. April 2010.

Deutsche Offshore-Testfeld und Infrastruktur GmbH & Co. KG (DOTI) 2010: Deutsche Offshore-Testfeld und Infrastruktur GmbH & Co. KG (DOTI)(2010), Broschüre: *Ein Offshore-Windpark entsteht,* DOTI Homepage: www. alpha-ventus.de/index.php?id=62#c394, 12. Mai 2010.

Deutsche Presseagentur (DPA) 2011: Deutsche Presseagentur(2011), *Bundesregierung beschließt Energiewende,* N24 Homepage: www. n24.de/news/newsitem_6953128.html, 25. Juni 2011.

Deutsche Stiftung Weltbevölkerung 2009: Deutsche Stiftung Weltbevölkerung (2009), *Entwicklung der Weltbevölkerung,* Deutsche Stiftung Weltbevölkerung Homepage: www. weltbevölkerung.de/pdf/histEntwWB_03.09. pdf, 21. April 2010.

Deutsches Institut für Wirtschaftsforschung e.V.(DIW) 2007: Deutsches Institut für Wirtschaftsforschung e.V. (DIW) 2007: *Klimawandel kostet die deutsche Volkswirtschaft*

Milliarden, DIW Homepage: www.diw.de/documents/publikationen/73/diw_01.c.55814.de/07-11-1.pdf, 25. Juli 2011.

Deutsches Zentrum für Luft- und Raumfahrt e.V.(DLR) 2006: Deutsches Zentrum für Luft- und Raumfahrt e.V. (DLR) (2006), *Trans-Mediterraner Stromverbund,* TRANS-CSP Studie-Zusammenfassung des DLR im Auftrag des BMU, Stuttgart.

Deutsches Zentrum für Luft- und Raumfahrt e.V. (DLR) 2007: Deutsches Zentrum für Luft- und Raumfahrt e.V. (DLR) (2007), *Erstes Solarturmkraftwerk geht ans Netz,* DLR Homepage: www.dlr.de/desktopdefault.aspx/tabid-13/135_read-8384/, 05. April 2007.

Deutsches Zentrum für Luft- und Raumfahrt e.V.(DLR) 2009a: Deutsches Zentrum für Luft- undRaumfahrt e.V. (DLR) (2009), *Andasol 1: Größtes Solarkraftwerk offiziell eröffnet,* DLR Homepage: www.dlr.de/desktopdefault.aspx/tabid-13/135_read-17179/, 01. Juli 2009.

Deutsches Zentrum für Luft- und Raumfahrt e.V.(DLR) 2009b: Deutsches Zentrum für Luft- und Raumfahrt e.V. (DLR) (2009), *Solarstromimporte aus der Wüste,* DLR Homepage: www.dlr.de/tt/Portaldata/41/Resources/dokumente/institut/system/publications/Fragen_zum_Wuestenstrom_2009_06.pdf, 08. Mai 2010.

Deutschlandfunk 2009: Deutschlandfunk (2009), *Strom aus heißer Luft,* Deutschlandfunk Homepage: www.dradio.de/dlf/sendungen/forschak/936050/, 17. März 2009.

Diekmann/Heinloth 1997: Diekmann, B., Heinloth, K. (1997), *Energie. Physikalische Grundlagen* *ihrer Erzeugung, Umwandlung und Nutzung,* Stuttgart.

Doerk 2010: Doerk, D. (2010), *Staudammprojekt „Belo Monte" in Brasilien: Indigene Völker und Amazonasregenwald in Gefahr,* Gesellschaft für bedrohte Völker Homepage: gfbvberlin.wordpress.com/2010/06/02/staudammprojekt-belomonte-in-brasilien-indigene-volker-und-amazonasregenwald-in-gefahr/, 15. Juli 2010.

E.ON Wasserkraft GmbH 2010: E.ON WasserkraftGmbH (2010), *Daten und Fakten – E.ON Wasserkraft auf einen Blick,* E.ON Homepage: www. eon-wasserkraft.com/pages/ewk_de/E.ON_Wasserkraft/Daten_und_Fakten/index.htm, 10. Mai 2010.

Edler/O'Sullivan 2010: Edler, D. und O'Sullivan, M.(2010), *Erneuerbare Energien – ein Wachstumsmarkt schafft Beschäftigung in Deutschland,* in: Wochenbericht des DIW Nr. 41 /2010, Berlin, Homepage: www.diw.de/documents/publika tionen/73/diw_01.c.362404.de/10-41-1.pdf, 07. April 2011.

EnBW Energie Baden Württenberg AG 2010: EnBW Energie Baden Württenberg AG (2010), *Wasserkraft,* EnBW Homepage: www.enbw.com/content/de/privatkunden/innovative_tech/wasserkraft/index.jsp, 10. Mai 2010.

Energie Evolution 2009: Energie Evolution (2009), *Energieformen und Umwandlung,* Energie Evolution Homepage: www.energie-evolution.de/physik/physik.htm, 26. März 2011.

Energiespar 2011: Energiespar GmbH (2011), *Größtes Solarkraftwerk der Welt,* Energie-ist-Zukunft Homepage: www.energie-ist-zukunft.

de/163 Literatur- und Quellenverzeichnis new-saktuelles/groesstes-solarkraftwerkder-welt. html, 18. August 2011.

Energiesparen im Haushalt 2007: Energiesparen im Haushalt (2007), *Solare Heizungsunterstützung,* Energiesparen im Haushalt Homepage: www.energiesparen-im-haushalt.de/energie/bauen-und-modernisieren/hausbauregenerative-energie/energiebewusst-bauenwohnen/emission-alternative-heizung/heizenmit-der-sonne-solar/solarthermie-berechnung/solaranlage-heizung.html, 18. April 2010.

Energieverbraucher 2003: Energieverbraucher (2003), *Aufwindkraftwerk: Höchstes Bauwerk der Welt,* Energieverbraucher Homepage: www.energieverbraucher.de/de/Erneuerbare/Sonnenstrom/Aufwindkraftwerk__411/,16. Oktober 2003.

Energie-Visions 2011: Energie-Visions (2011), *Energieträger, Energie-Visions* Homepage: www.energie-visions.de/lexikon/energietraeger.html, 22. Juli 2011.

Energiewende Oberland 2005: Energiewende Oberland, Bürgerstiftung für Erneuerbare Energien und Energieeinsparung (2005), *Infoblatt Oberflächennahen-Geothermie – zum Heizen und Kühlen,* Energiewende Oberland Homepage: http://energiewende-oberland.de/uploads/media/Infoblatt_OFN_Geothermie_050913_01. pdf, 12. Juli 2010.

Energiewirtschaftliches Institut (EWI) der Universität Köln et al. 2004: Energiewirtschaftliches Institut (EWI) der Universität Köln, Institut für Energetik und Umwelt, Leipzig, Rheinisch-Westfälisches Institut für Wirtschaftsforschung (RWI), Essen (2004), *Gesamtwirtschaftliche, sektorale und ökologische Auswirkungen des Erneuerbaren Energien Gesetzes (EEG),* Gutachten im Auftrag des Bundesministeriums für Wirtschaft und Arbeit (BMWA).

Energie-Zukunft 2011: Energie-Zukunft (2011), *Prinzip des thermischen Sonnenkollektors,* Energie-Zukunft Homepage: www.energie-zukunft.info/prinzip-des-thermischen-sonnenkollektors-18386.html, 07. Juli 2010.

Energywatchgroup 2010: Energywatchgroup (2010), *Weltweite Vollversorgung mit erneuerbaren Energien bis 2030,* Energywatchgroup Homepage: www.energywatchgroup.org/file admin/global/pdf/2010-03-23_EE-Plan_Zusammenfassung_D.pdf, 28. Januar 2011.

Erdwärme-Zeitung 2008: Erdwärmezeitung(2008), *Pilotprojekt Geothermiekraftwerk Basel,* erdwärme-Zeitung Homepage: www.erdwaerme-zeitung.de/geothermiepressenews/pilotprojekt-geothermiekraftwerkbasel/index.html, 31. Juli 2011.

Erdwärme-Zeitung 2011: Erdwärme-Zeitung(2011), *Geothermie – Stromerzeugung in Kalifornien,* Erdwärme-Zeitung Homepage: www.erdwaerme-zeitung.de/meldungen/geothermiestromerzeugunginkalifornien22222333667788499.php, 20. Mai 2010.

EuPD Research 2008: EuPD Research (2008), *Neue Studie zur Dünnschicht-Photovoltaik: EuPD Research sieht großes Potenzial in a-Si, CdTe, CIS & Co,* Solarserver Homepage: www.solarserver.de/solar-magazin/nachrichten/aktuelles/neuestudie-zur-duennschicht-photovoltaik-eupdresearch-sieht-grosses-potenzial-in-a-si-cdtecis-co.html, 29. Dezember 2010.

European Photovoltaik Industry Association (EPIA) 2009: European Photovoltaik Industry Association(EPIA) (2009), *Solar-Photovoltaik-Strom: bis 2020 eine Hauptenergiequelle in Europa(Zusammenfassung),* Set for 2020 Homepage: Studie www.setfor2020.eu/uploads/executivesummary/EPIA%20EXS_DE%20300909.pdf, 29. Mai 2010.

European Renewable Energy Council (EREC) 2007: European Renewable Energy Council (EREC) (2007), *RE-thinking 2050,* Homepage: www.rethinking2050.eu/, 24. Mai 2010.

Fachverband Biogas e.V. 2010: Fachverband Biogas e.V. (2010); *Biogas Branchenzahlen 2019,* Biogas Homepage: www.biogas.org/edcom/webfvb.nsf/id/DEPM_29_10/$file/10-11-17_Biogas%20Branchenzahlen%202010_%C3%BCberarbeitet-sf.pdf, 01. November 2010.

Fachverband Biogas e.V. 2011: Fachverband Biogas e.V. (2011); *Biogas Branchenzahlen 2010,* Biogas Homepage: www.biogas.org/edcom/webfvb.nsf/id/DE_Branchenzahlen/$file/11-05-30_Biogas%20Branchenzahlen%20 2010_final.pdf, 01. Juni 2011.

Fahl et al. 2005: Fahl, U.; Küster, R. und Ellersdorfer, I. (2005), *Jobmotor Ökostrom? Beschäftigungseffekte der Förderung von erneuerbaren Energien in Deutschland,* in: Energiewirtschaftliche Tagesfragen 55 (7), 476 – 481, Essen.

FAZ 2010, Frankfurter Allgemeine Zeitung Online(2010), Stadt der Zukunft: Pannen und Verzögerungen in Masdar-City, FAZ Homepage: www.faz.net/s/RubEC1AC-FE1EE274C81B CD3621EF555C83C/Doc~E2C04532880E14D3D9 424196EC53BD 377~ATpl~Ecommon~Scontent. html, 17. März 2011.

Flimpex 2011: Flimpex AG (2011), *Was ist Photovoltaik?,* Flimpex Homepage: www.flimpex.com/was-ist-photovoltaik.htm, 12. August 2011.

Focus Online 2010a: Focus Online (2010), Regierung gibt umstrittenem Staudamm „Grünes-Licht", Focus Online Homepage: www.focus.de/panorama/vermischtes/brasilien-regierung-gibt-umstrittenem-staudamm-gruenes-licht_aid_476349.html, 18. Mai 2010.

Focus Online 2010b: Focus Online (2010), Was darf dem Klimaschutz geopfert werden?, Focus Online Homepage: www.focus.de/wissen/wissen schaft/klima/tid-14370/weltgroesstes-gezeitenkraftwerk-was-darf-dem-klimaschutz-geopfert-werden_aid_402262.html, 18. Mai 2010.

Forschungsverbund Erneuerbare Energien (Fvee) 2002: Forschungsverbund Erneuerbare Energien(Fvee) (2002), *Dish-Stirling-Systeme: Eine Technologie zu dezentralen solaren Stromerzeugung,* Fvee Homepage: www.fvee.de/fileadmin/ publikationen/Themenhefte/th2002/th2002_02_03.pdf, 15. April 2010.

Frauenhofer Institut für Windenergie und Energiesystemtechnik 2009 (IWES): Frauenhofer Institut für Windenergie und Energiesystemtechnik (IWES) (2009), Dynamische Simulation der Stromversorgung in Deutschland nach dem Ausbauszenario der Erneuerbaren-Energien-Branche, Kassel, Homepage: www.bee-ev.de/_../100119_BEE_IWES-Simulation_Stromversorgung2020_End bericht.pdf, 31. März 2011.

Fraunhofer ISE 2010: Fraunhofer-Institut für solare Energiesysteme ISE, *Ermittlung einer angemessenen zusätzlichen Absenkung der Einspeisevergütung für Solarstrom im Jahr 2010,* Studie, erstellt im Auftrag des Bundesverband Solarwirtschaft e.V. (BSW-Solar), Freiburg, Homepage: www.ise.fraunhofer.de/veroeffentlichungen/studie-des-fraunhofer-ise-im-auftrag-des-bun desverbands-solarwirtschaft-ermittlung-einerangemess-enen-zusaetzlichen-absenkung-der-ein speiseverguetung-fuer-solarstrom-im-jahr-2010, 01. Februar 2010.

Frater/Walch 2004: Frater, H. und Walch, D., *Wetter und Klima,* Springer Verlag, Berlin, Heidelberg, New York.

Freitag 2007: Freitag, G. (2007), *Aktorik,* Hochschule Darmstadt.

Friedl 2009: Friedl, G. (2009), *Branchenzahlen,* Freising: Fachverband Biogas e.V., Homepage: www.biogas.org/edcom/webfvb.nsf/id/DE_Branchenzahlen/$file/Branchenzahlen.pdf, 10. Mai 2010.

Frisch/Meschede 2005: Frisch, W., Meschede, M. (2005), *Plattentektonik,* Primus Verlag, Darmstadt.

Fritz 2008: Fritz T. (2008), Fallstudie: *Agroenergie in Lateinamerika,* Berlin: agit-druck GmbH, Homepage: http://fdcl-berlin.de/fileadmin/fdcl/Publikationen/Agroenergie-in-Lateinamerika-Thomas-Fritz.pdf, 18. Mai 2010.

Frondel et al. 2009: Frondel, M.; Ritter, N. und Vance, C., *Die ökonomischen Wirkungen der Förderung Erneuerbarer Energien: Erfahrungen aus Deutschland,* Rheinisch-Westfälisches Institut für Wirtschaftsforschung, Endbericht, Essen.

Frost/Sullivan 2009: Frost & Sullivan (2009), *Executive Analysis of the Market for Solar Technology Applications in the Automotive Industry,* Studie M486-18 Executive Summary, London.

Gallup 2011: WIN-Gallup International (19. April 2011), *"Impact of Japan Earthquake on views about nuclear energy. Findings from a Global Snap Poll in 47 countries by WIN-Gallup International Japan earthquake jolts global views on nuclear energy: Net favor globally falls from 25% to a mere 6%. However supporters continue to outnumber opponents by 49%: 43%"*, Zürich, Homepage: www.gallup.com/poll/146660/disaster-japan-raises-nuclear-concerns. aspx, 24. April 2011.

Gasch/Twele 2007: Gasch, R. und Twele, J. (2007), *Windkraftanlagen: Grundlagen, Entwurf, Planung und Betrieb,* Teubner Verlag, Wiesbaden.

Geitmann 2005: Geitmann S. (2005), *Erneuerbare Energien und alternative Kraftstoffe,* Hydrogeit Verlag, Kremmen.

GEO 2011: GEO Magazin (2008), „Masdar-City": *Die Null-Emissions-Stadt in der Wüste,* GEO Magazin Homepage: www.geo.de/GEO/technik/58619.html, 14. März 2011.

Geologischer Dienst NRW 2010: Geologischer

Dienst NRW (2010), *Erdwärme nutzen: Geothermie-studie liefert Planungsgrundlage,* Geologischer Dienst NRW Homepage: www. gd.nrw.de/zip/a_pjgt01.pdf, 27. Juli 2011.

Geothermie Kraftwerke GmbH 2009: Geothermie Kraftwerke GmbH (GTK) (2009), *Allgemeines zur Geothermie,* GTK Homepage: http://gtk-gmbh.com/geothermie/geothermie-allgemein/, 13. Juli 2010.

Geysers Geothermal Association (GGA) 2010: Geysers Geothermal Association (GGA) (2010), *The Geysers,* GGA Homepage: www.thegga. org/index.html, 20. Mai 2010.

Giese/Scheele 2006: Giese, W. und Scheele, B., *Seaflow– Windräder unter Wasser,* Homepage: http://abenteuerwissen.zdf.de/ZDFde/ inhalt/19/0,1872,3991091,00.html, 01. August 2011.

Giesecke/Mosonyi 2005: Giesecke, J. und Mosonyi, E. (2005), *Wasserkraftanlagen: Planung, Bau und Betrieb,* Springer Verlag, Berlin, Heidelberg.

Global Wind Energy Council (GWEC) 2010: Global Wind Energy Council (GWEC) (2010), *Global Wind Report 2009,* GWEC Homepage: www. gwec.net/fileadmin/documents/Publications/ Global_Wind_2007_report/GWEC_Global_ Wind_2009_Report_LOWRES_15th.%20Apr. pdf, 01. Mai 2010.

Global Wind Energy Council (GWEC) 2011: Global Wind Energy Council (GWEC) (2011), *Global Wind Report 2010,* GWEC Homepage: www. gwec.net/index.php?id=180, 31. August 2011.

Good Energies 2010: Good Energies (2010), *Das neue Zeitalter oder nur ein Hype?,* Good Energies Homepage: www.goodenergies.com/files/ files/view/403, 13. Juni 2010.

Gottschall 2010: Gottschall, O. (2010), *Aufbau einer Windkraftanlage,* Energieroute Homepage: www.energieroute.de/wind/wind2.php, 12. Mai 2010.

Green City Energy GmbH 2008: Green City Energy GmbH (2008), *Vorreiter Deutschland? Das Erneuerbare Energiengesetz (EEG),* Women in Europe for a Common Future (WECF) Homepage: www.wecf.eu/download/2008/2008_07_ ener gytraining_betzold_dt.ppt.pdf, 13. Juli 2010.

Green Energy 2010: Green Energy (2010), *Geothermie Kraftwerke national und international,* Green Energy Homepage: www.green-energy. de/index.php?id=kraftwerke-international2, 20. Mai 2010.

Greenpeace 2009: Greenpeace e.V. (2009), *Klimaschutz: Plan B 2050,* Hamburg.

Greenpeace/EREC 2007: Greenpeace e.V. und European Renewable Energy Council (EREC) (2007), *Globale Energie(R)evolution – Ein nachhaltiger Weg zu einer sauberen Energie-Zukunft für die Welt,* Greenpeace e.V. Homepage: www.greenpeace.de/fileadmin/gpd/ user_upload/themen/klima/Energy_inside_D_ final_web.pdf, 24. Mai 2010.

Grimm 2008: Grimm, H. (2008), *Was ist Energie? Energie, Leistung, Einheiten und Umrechnung, Faktoren und Formeln,* Homepage: www. wissenschaft-technik-ethik.de/was-istenergie. html#kap01, Clausthal-Zellerfeld, 22. April 2011.

Goudie 1995: Goudie, A. (1995), *Physische Geog-*

raphie – Eine Einführung, Spektrum Akademischer Verlag, Heidelberg.

GTM Research 2009: GTM Research (2009), Greentech Media Research, 2009 Global PV Demand Analysis and Forecast: The Anatomy of a Shakeout II, Cambridge, Massachusetts, USA, Homepage: www.gtmresearch.com/report/2009-global-pv-demand-analysisand-forecast-the-anatomy-of-a-shakeout-ii, 01. Juni 2011.

Härdtle/Aßmann/Kallenrode/Ruck 2002: HärdtleW.; Aßmann, T.; Kallenrode, M.-B. und Ruck, W. (2002), Studium der Umweltwissenschaften, Springer Verlag, Berlin, Heidelberg.

HaustechnikDialog 2006: HaustechnikDialog (2006), Solaranlage mit Zwangsumlauf, HaustechnikDialog, Homepage: www.haustechnik dialog.de/SHKwissen/116/Solaranlage-mit-Zwangsumlauf, 17. April 2010.

Heier 2007: Heier, S. (2007), Nutzung der Windenergie, Solarpraxis AG-Verlag, Berlin.

Hennicke/Fischedick 2010: Hennicke, M. und Fischedick, M. (2010), Erneuerbare Energien: mit Energieeffizienz zur Energiewende, Beck-Verlag, München.

Hentrich et al. 2004: Hentrich, S.; Wiemers, J. und Ragnitz, J. (2004), Beschäftigungseffekte durch den Ausbau Erneuerbarer Energien, Institut für Wirtschaftsforschung Halle, Sonderheft 1/2004, Halle.

Hillebrand et al. 2006: Hillebrand, B.; Buttermann, H.-G.; Bleuel, M. und Behringer, J.-M.(2006), The Expansion of Renewable Energies and Employment Effects in Germany, in: Energy Policy 34 (18), 3484 - 3494.

Hiller 2009: Hiller, A. (2009), Nutzung von Biomasse 1, Technische Universität Dresden, Homepage: http://tu-dresden.de/die_tu_dresden/fakultaeten/fakultaet_maschinenwesen/iet/vws/Lehre/Vorlesung_Nutzung_Biomasse/Biomasse1_2009_2.pdf, 05. Juni 2010.

Hug 2007, Hug, R. (2007), Solarstrom aus der Wüste statt Wüste in Deutschland: Erneuerbare Energien im transeuropäischen Verbund, Solarserver Homepage: www.solarserver.de/solar magazin/solar-report_0207.html, 04. Juni 2010.

Ibeler 2009: Ibeler (2009), Broschüre: Ein offshore-Windpark entsteht, DOTI Homepage: www.alpha-ventus.de/index.php?id=62#c394, 08. Mai 2010.

IEWT 2011: Alfons Haber: Internationale Energiewirtschaftstagung an der TU Wien (2011), Stromnetze werden Energienetze – Investitionen und weitere Anforderungen, Technische Universität Wien.

IFEU – Institut für Energie- und Unweltforschung Heidelberg GmbH 2004: IFEU – Institut für Energie- und Unweltforschung Heidelberg GmbH (2004), CO2-neutrale Wege zukünftiger Mobilität durch Biokraftstoffe, Heidelberg, Homepage: www.ufop.de/downloads/Co2_neutrale_Wege. pdf, 31. März 2011.

IGA Tec GmbH 2010: IGA Tec GmbH (2010), ORCAnlage (Organic Rankine Cycle), IGA Tec Homepage: www.igatec.de/?q=de/orc/anlagen, 13. Juli 2010.

Institut für Geowissenschaftliche Gemeinschaftsaufgaben 2008: Institut für Geowissenschaftliche Gemeinschaftsaufgaben Hannover (2008), *Nutzung petrothermaler Technik – Vorschlag für eine Definition für die Anwendung des EEG,* Liag Homepage: www.liag-hannover.de/file-admin/produkte/20081126095553.pdf, 31. Juli 2010.

Institute European Environmental Policy (IEEP) 2010: Institute European Envirnmental Policy (IEEP) (2010), *Anticipated Indirect Land Use Change Associated with of Biofuels and Bioliquids in the EU – AN Analysis of the National Renweable Energy Action Plans,* London, Homepage: www.ieep.eu, 24. M.rz 2011.

IPCC 2007: Intergovernmental Panel on Climate Change IPCC (2007), *Climate Change – Synthesis Report 2007,* IPCC, Homepage: www.ipcc.ch/ publications_and_data_reports.shtml, 22. November 2011.

IT Times 2010: IT Times (2010) *IMS Research, First Solar steigt zum weltgrößten Solarmodulehersteller auf,* IT Times, Homepage: www.it-times. de/news/nachricht/datum/2010/05/06/imsresearch-first-solar-steigt-zum-weltgroesstensolarmodulehersteller-auf/?cHash=e1c7b67e0f&type=98, 13. Mai 2010.

Juwi Holding AG 2008: Juwi Holding AG (2008), *Solarstrom in neuer Dimension,* Juwi Homepage: www.juwi.de/fileadmin/user_upload/Solarenergie/Praesentation%20Brandis_06_2008.pdf, 02. Mai 2010.

Kaiser et al. 2011: Kaiser, T.; Wetzel, D. und Wisdorff, F. (2011), *Erneuerbare Energien – Dasgrüne Jobwunder ist nur ein Märchen,* in: Welt Online vom 2.4.2011, Homepage: www.welt.de/wirtschaft/article13049402/Das-gruene-Jobwun der-ist-nur-ein-Maerchen.html, 22. April 2011.

Kaltschmitt et al. 2006: Kaltschmitt, W.; Wiese, A.und Streicher, W. (2006), *Erneuerbare Energien,* Springer Verlag, Berlin, Heidelberg.

Kaltschmitt et. al. 2002: Kaltschmitt, W.; Hartmann, H. und Hofbauer, H. (2002), *Energie aus Biomasse,* Springer Verlag, Berlin, Heidelberg

Kaltschmitt et. al. 2003: Kaltschmitt, W.; Wiese, A. und Streicher, W. (2003), *Erneuerbare Energien,* Springer Verlag, Berlin, Heidelberg

Käuferportal 2010: Käuferportal (2010), *Erdwärme Heizungsanlage, Käuferportal,* Homepage: www.kaeuferportal.de/erdwaerme-pumpekaufberatung/erdwaerme-heizungsanlage-2509, 27. Juli 2011.

Kleinwindanlagen 2011: Kleinwindanlagen (2011), *Kleinwindkraftanlagen – Fast alles zum Thema,* Kleinwindanlagen Homepage: www.kleinwindanlagen.de/Homepage/, 29. April 2011.

Klima Wandel 2009: Klima Wandel (2009), *Größtes Solarkraftwerk Deutschlands in Brandenburg eröffnet,* Klima Wandel Homepage: www.klimawandel.com/2009/08/20/groesstes-solarkraft werk-deutschlands-in-brandenburg-eroeffnet/, 26. April 2010.

Kline et al. 2008: Kline, K. L.; Oladosu, G. A.; Wolfe, A. K.; Perlack, R.; Dale, V. und McMahon, M. (2008), *Biofuel Feedstock Assessment for Selected Countries,* Oak Ridge National Laboratory, prepared for U.S. Department of Energy, Homepage: http://info.ornl.gov/sites/

publications/files/Pub10201.pdf, 18. Mai 2010.

Koch 2003: Koch, M. (2003), *Ingenieurhydrologie 1,* Universität Kassel.

Kratzat et al. 2007: Kratzat, M.; Lehr, U.; Nitsch, J.; Edler, D. und Lutz, C. (2007), *Erneuerbare Energien: Arbeitsplatzeffekte 2006.* Abschlussbericht des Vorhabens „Wirkungen des Ausbaus der erneuerbaren Energien auf den deutschen Arbeitsmarkt – Follwo up", Stuttgart/Berlin/Osnabrück, September 2007, Homepage: www. erneuerbare-energien.de/files/pdfs/allgemein/ application/pdf/ee_jobs_2006_lang.pdf, 11. April 2011.

Kratzat et al. 2008: Kratzat, M.; Edler, D.; Ottmüller, M. und Lehr, U. (2008), *Bruttobeschäftigung 2007 – eine erste Abschätzung* – Forschungsvorhaben des Bundesministeriums für Umwelt, Naturschutz und Reaktorsicherheit. Kurz- und langfristige Auswirkungen des Ausbaus der erneuerbaren Energien auf den deutschen Arbeitsmarkt (FKZ 0325042), o. O., 14. Mӗrz 2008, Homepage: www.erneuerbare-energien.de/files/pdfs/allgemein/application/pdf/ee_brutto beschaeftigung.pdf, 11. April 2011.

Kratzat/Lehr 2007: Kratzat, M. und Lehr, U. (2007), *Internationaler Workshop „Erneuerbare Energien: Arbeitsplatzeffekte"* – *Modelle, Diskussionen und Ergebnisse –,* Stuttgart, September 2007, Homepage: www.erneuerbare-energien.de/ files/pdfs/allgemein/application/pdf/ee_ jobs_workshop_071101_de.pdf, 10. April 2011.

KVS Klimawandel 2004: KVS Klimawandel (2004), *Luft-Wasserwärmepumpen für die Freibadbeiheizung,* KVS Homepage: www. kvs-klima technik.de/fileadmin/kvs/pdf/ planung/5.10_KVS_PoolTech_W_rme-pumpen_0904.pdf, Stuttgart: 23. Juni 2010.

Lapola et. al. 2009/2010: Lapola, D. M.; Schaldach, R.; Alcamo, J.; Bondeau, A.; Koch, J.; Koelking, C. und Priess, J. A. (2009/2010) Indirect land-use changes can overcome carbon savings from biofuels in Brazil, Kassel, Homepage: www. pnas.org/content/ealy/2010/02/../0907318107. full.pdf, 01. April 2011.

Lehr et. al. 2011: Lehr, U.; Lutz, C.; Edler, D.; O'Sullivan, M.; Nienhaus, K.; Nitsch, J.; Breitschopf, B.; Bickel, P. und Ottmüller, M., *Kurz- und langfristige Auswirkungen des Ausbaus der erneuerbaren Energien auf den deutschen Arbeitsmarkt,* Studie im Auftrag des Bundesministeriums für Umwelt, Naturschutz und Reaktorsicherheit, Osnabrück, Berlin, Karlsruhe, Stuttgart, 01. Februar 2011.

Leuschner 2007a: Leuschner, U. (2007) *Energie-Wissen,* Udo Leuschner Homepage: www. udoleuschner.de/basiswissen/SB111-02.htm, 23. Mai 2010.

Leuschner 2007b: Leuschner, U. (2007), *Energie-Wissen,* Udo Leuschner Homepage: www.udo-leuschner. de/basiswissen/SB112-07.htm,13. Juli 2010.

Leuschner 2011c: Leuschner, U. (2007), *Energie-Wissen,* Udo Leuschner Homepage: www. udoleuschner.de/basiswissen/SB112-06.htm, 13. Juli 2010.

Leuschner 2011d: Leuschner, U. (2007), *Energie-*

Wissen, Udo Leuschner Homepage: www. udoleuschner. de/basiswissen/SB112-05.htm, 13. Juli 2010.

Lohrmann 1995: Lohrmann, D. (1995), *Von der östlichen zur westlichen Windmühle,* in: Archiv für Kulturgeschichte, (77) 1, Böhlau-Verlag, Wien, Köln, Weimar.

Lübbert 2009: Dr. Lübbert, D. (2009), *Hochspannungsgleichstromübertragung,* Deutscher Bundestag-Wissenschaftlicher Dienst.

Maniak 2005: Maniak, U. (2005), *Hydrologie und Wasserwirtschaft,* Springer Verlag, Berlin Heidelberg.

Markl 2004: Markl, G. (2004), *Minerale und Gesteine.* – Elsevier GmbH, München.

Masdar 2010: Masdar (2010), *Vision von Masdar-City,* Masdar-City Hompage: www.masdar.ae/ en/home/index.aspx, 28. Mai 2010.

Meine Solar GmbH 2010: Meine Solar GmbH (2010), *Ermittlung der Preise von Solarstromanlagen 2009,* Homepage: www.photovoltaik studie.de/shop/marktstudien/studie1000 anlagenpreise.php, 03. September 2010.

Metz 2010: Prof. Dr.-Ing. Metz, D. (2010), *Netzleittechnik und Datenkommunikation,* Hochschule Darmstadt.

Michaels/Murphy 2009: Michaels, R. und Murphy, R. P. (2009), *Green Jobs: Fact or Fiction?,* Institute for Energy Research, Washington DC.

Ministério da Agricultura, Pecuária e Abastecimento (MAPA) 2005: Ministério da Agricultura, Pecuária e Abastecimento (MAPA) (2005), *Plano Nacional de Agroenergia,* República Federativa do Brasil/Ministério da Agricultura, Pecuária e Abastecimento Brasilia, Homepage:

www.bio diesel.gov.br/docs/PLANONACION-ALDOAGRO ENERGIA1.pdf, 18. Mai 2010.

Möller 2009: M.ller, O. (2009), *Absorptionskältemaschinen,* Treffpunkt Kaelte Homepage: www.treffpunkt-kaelte.de/kaelte/de/de_start. html?/kaelte/de/html/komponenten/absorber/ absorber.html, 18. April 2010.

Müller/Giber 2007: Müller, K. und Giber, J. (2007), *Erneuerbare (alternative) Energien: Theoretische Potentiale, reale Zukunft der Energieversorgung,* Shaker Media Verlag, Aachen.

MVV 2007: MVV Energie AG (Hrsg.) (2007), *Klimaschutz-Atlas - Klimaschutzprojekte in der Metropolregion Rhein-Neckar,* Mannheim.

Navigant Consulting 2007: Navigant Consulting (2007), *Industrieforum zeigt PV-Trends: Weltweite Märkte, Dünnschicht im großen Stil, Konzentrator-Systeme für den Süden,* Homepage: www.solarserver.de/solarmagazin/solar-report_0707.html, 25. April 2010.

Neddermann 2010: Neddermann B. (2010), *Statusder Windenergienutzung in Deutschland – Stand 31.12.2009,* DEWI GmbH, Cuxhaven, Homepage: www.wind-energie.de/ fileadmin/dokumente/statistiken/WE%20 Deutschland/100127_PM_Dateien/DEWI_ Statistik_2009.pdf, 01. Mai 2010.

Nieratschker 2005: Nieratschker, W. (2005), *Technische Thermodynamik 3,* Fachhochschule Koblenz.

Nordex AG 2004: Nordex AG (2004), *N80/2.500 kW N90/2300 kW: Mit Höchstleistung in die Zukunft,* Nordex AG, Norderstedt.

N-tv 2011: N-tv (2011), *„Lusi" wird noch 26*

Jahre spucken, N-tv Homepage: www.n-tv.de/wissen/Lusi-wird-noch-26-Jahre-spuckenarticle2712706.html, 31. Juli 2011.

O'Sullivan et al. 2010: O'Sullivan, M.; Edler, D.; Ottmüller, M. und Lehr, U. (2010), *„Bruttobeschäftigung durch erneuerbare Energien in Deutschland im Jahr 2009 - eine erste Abschätzung"*. Studie im Auftrag des Bundesministeriums für Umwelt, Naturschutz und Reaktorsicherheit, Berlin.

O'Sullivan et al. 2011: O'Sullivan, M.; Edler, D.; van Mark, K.; Nieder, T. und Lehr, U. (2011), *Bruttobeschäftigung durch erneuerbare Energien in Deutschland im Jahr 2010 – eine erste Abschätzung* – Studie im Auftrag des Bundesministeriums für Umwelt, Naturschutz und Reaktorsicherheit, Berlin.

OE24 2007: OE24 (2007), *CO_2-Emissionen pro Kopf je Land,* OE24 Homepage: www.oe24.at/wissen/CO_2-Emissionen-pro-Kopf-je-Land/153421, 19. März 2011.

Öko-Institut 2007: Öko-Institut e.V. Institut fürangewandte Ökologie: *Treihausgasemissionen und Vermeidungskosten der nuklearen, fossilen und erneuerbaren Strombereitstellung,* Bundesministerium für Umwelt, Naturschutz und Reaktorsicherheit (BMU) Homepage: http://bmu.eu/files/pdfs/allgemein/application/pdf/hintergrund_atomco2.pdf, 25. Juli 2011.

Öko-Institut 2011: Öko-Institut e.V. Institut für angewandte Ökologie: *Streitpunkt Kernenergie –Eine Neue Debatte über alte Probleme,* Öko-Institut e.V. Institut für angewandte Ökologie Homepage: www.oeko.de/oekodoc/1157/2011-031-de.pdf, 25. Juli 2011.

Pálffy et al. 1998: Pálffy, S. O.; Brada, K.; Hartenstein, Rö; Müller, U.; Nowotny, G.; Partzsch, P.; Römer, K.-H.; Schlimgen, W.; Tratz, D. und Walcher, H. (1998), *Wasserkraftanlagen,* Expert-Verlag, Renningen-Malmsheim.

Paschen et al. 2003: Paschen, H.; Oertel, D. und Grünewald, R. (2003), *Möglichkeiten geothermischer Stromerzeugung in Deutschland,* Sachstandsbericht im Auftrag des Deutschen Bundestages, o.O.

Pearce 2007: Pearce, F. (2007), *Wenn die Flüsse versiegen,* Antje Kunstmann Verlag, München.

Pehnt 2010: Dr. Pehnt, M (2010), *Elektromobilität und erneuerbare Energien,* Institut für Energie und Umweltforschung, Heidelberg.

Pehnt/Vogt 2007: Pehnt, M. und Vogt, R. (2007), *Biomasse und Effizienz,* Institut für Energie und Umweltforschung, Heidelberg.

Petry 2009: Petry, L. (2009), *Erneuerbare Energien,* Hochschule Darmstadt.

Pfaffenberger 2006: Pfaffenberger, W. (2006), *Wertschöpfung und Beschäftigung durch grüne Energieproduktion?* In: Energiewirtschaftliche Tagesfragen 56 (9), 22-26, Essen.

Pfleiderer 2010: Pfleiderer Aktiengesellschaft (Hrsg.) (2010), *Aufsichtsrat von Pfleiderer genehmigt Schließung der Werke Ebersdorf und Nidda,* Neumarkt, Homepage: www.pfleiderer.com/de/news/press-release-857.html, 22. April 2011.

Photon 2011a: Photon Europe GmbH (2011a), *Die zehn größten Zellhersteller 2010 (2009),* Photon Homepage: www.photon.de/presse/mitteilun gen/10_groesste_zellhersteller_2010.pdf, 20. August 2011.

Photon 2011b: Photon Europe GmbH (2011b), *Die zehn größten Dünnschichthersteller 2010 (2009),* Photon Homepage: www.photon.de/ presse/mitteilungen/10_groesste_duenn schichthersteller_2010.pdf, 20. August 2011.

Photon 2011c: Photon Europe GmbH (2011c), *Anteile der verschiedenen Zelltechnologien (in Prozent),* Photon Homepage: www.photon. de/presse/mitteilungen/anteile_verschiedener_ Zelltechnologien_in_prozent_pd_2011-04.pdf, 20. August 2011.

Photon Europe GmbH 2010a: Photon Europe GmbH (2010), *In Deutschland installierte Photovoltaikleistung,* Photon Homepage: www. photon.de/photon/photon-aktion_installleistung.htm, 03. September 2010.

Photon Europe GmbH 2010b: Photon Europe GmbH (2010), *Die zehn größten Zellhersteller im Jahr 2009 (2008),* Photon Homepage: www. photon.de/presse/mitteilungen/10_groesste_ zellhersteller_2009.pdf, 13. Mai 2010.

Photon Europe GmbH 2010c: Photon Europe GmbH (2010), *Die zehn größten Dünnschichthersteller im Jahr 2009 (2008),* Photon Homepage: www.photon.de/presse/mitteilungen/10_ groessten_duennschichthersteller_2009.pdf, 13. Mai 2010.

Photon Europe GmbH 2010d: Photon Europe GmbH (2010), *Anteile der verschiedenen Zelltechnologien in Prozent,* Photon Homepage: www.photon.de/presse/mitteilungen/anteile_verschiedener_Zelltechnologien_in_prozent.pdf, 31. Dezember 2010.

Pieprzyk 2009: Pieprzyk, B. (2009), *Globale Bioenergienutzung – Potenziale und Nutzungspfade,* Berlin: Agentur für erneuerbare EnergienHomepage: www.unendlich-viel-energie.de/ de/bioenergie/detailansicht/article/102/globalebioenergienutzung-potenziale-und-nutzungspfade.html, 02. Mai 2010.

Planet-Wissen 2009: Planet-Wissen (2009), *Thermalbäder,* Planet-Wissen Homepage: www. planet-wissen.de/alltag_gesundheit/wellness/ thermalbaeder/index.jsp, 27. Juli 2011.

Press/Siever 1995: Press, F. und Siever, R. (1995), *Allgemeine Geologie.* – Spektrum Akademischer Verlag, Heidelberg.

Quaschning 2008: Quaschning, V. (2008) *Erneuerbare Energien und Klimaschutz,:* Hanser Verlag, München.

Quaschning 2009: Quaschning, V. (2009) *Regenerative Energiesysteme,* Hanser Verlag, München.

Reuter 2003: Reuter, C. (2003) *Erneuerbare Energien– Möglichkeiten der alternativen Energien –Wasserkraft,* Homepage: www.energienerneuerbar.de/wasserkraft.html, 20. Mai 2010.

Richter et al. 2009: Richter, C.; Teske, S. und Short, R. (2009), *Sauberer Strom aus den Wüsten: Globaler Ausblick auf die Entwicklung solarthermischer Kraftwerke 2009,* Studie von Greenpeace International, Solar Paces und Estella, Amsterdam, Tabernas, Brüssel.

Rundschau 2011: Kölnische Rundschau (2011), *Größtes Solarkraftwerk der Welt,* RundschauOn-line Homepage: www.rundschau-online. de/html/artikel/1308322943783.shtml, 18. Juni

2011.

RWE 2010: RWE (2010), *Wehranlage Rheinkraft-werk-Albbruck-Dogern AG,* RWE Homepage: www.rwe.com/web/cms/de/106920/rwe/verant-wortung/im-dialog/aktuelles/70-millionen-euro-fuer-neues-laufwasserkraftwerk/, 14. Juli 2010.

RWE 2011a: RWE (2011), *Virtuelle Kraftwerke,* RWE Homepage: www.rwe.com/web/cms/de/496796/factbook/aktuelle-begriffe/virtuelle-kraftwerke/,01. August 2011.

RWE 2011b: RWE Innogy GmbH (2011), *Solarkrafterk Andasol 3 produziert erst-mals umweltfreundliche Energie,* RWE Homepage: www.rwe.com/web/cms/de/86182/rwe-innogy/aktuellespresse/pressemitteilung/?pmid=4006534, 18. Juli 2011.

RWE Innogy 2010: RWE Innogy (2010), *Kraft-werksliste Deutschland,* RWE Homepage: www.rwe.com/web/cms/de/86688/rwe-innogy/erneuer bare-energien/wasser/kraftwerksliste-deutsch land/, 10. Mai 2010.

Sachverständigenrat für Umweltfrgen (SRU) 2010: Sachverst.ndigenrat für Umweltfragen(SRU) (2010) 100% erneuerbare Stromversorgung bis 2050 klimavertr.glich, sicher, bezahlbar, Berlin, Homepage: www.umweltrat.de/SharedDocs/Downloads/DE/04_Stellungnahmen/2010_05_Stellung_15_erneuerbareStromver sorgung. html, 31. M.rz 2011.

Sander et al. 2010: Sander, B.; Fath, P. und Leiner, A. (2010), *Nachhaltig investieren in Sonne, Wind, Wasser, Erdwärme und Desertec,* Finanz-buch Verlag, München.

Sarasin 2009: Sarasin (2009), *Solarenergie – grüne Erholung in Sicht,* Medienmitteilung Basel, 30. November 2009, Homepage: www.sarasin. de/internet/iede/medienmitteilung_30.11.2009_.pdf, 05. September 2011.

SBP 2010: Schleich, Bergmann und Partner (2010), *Aufwindkraftwerk: Demonstrationsanlage,* SBP Homepage: www.sbp.de/system/attachments/project_images/1844/xlarge_1006_82_a.jpg?1291626240, 19. August 2011.

Schimke 2010: Schimke, W. (2010), *Funktion-sprinzip einer Schwerkraftanlage,* Wolfgang Schminke Homepage: www.schimke.de/index.php?option=com_content&view=article&id=3:schwerkraftanlage&catid=3:solarthermie, 07. Juni 2010.

Schmidt 2002: Schmidt, M. (2002), *Erneuerbare Energien in der Praxis,* Bauwesen Verlag, Berlin.

Schönwiese 2003: Schönwiese, C.-D., *Klimatolo-gie,* UtB Verlag, Stuttgart.

Schott AG 2007: Schott AG (2007), *Solarther-misches Kraftwerk „Nevada Solar One" geht an das Netz,* Solarserver Homepage: www.solarserver.de/news/news-7041.html, 15. April 2010.

Schott AG 2009: Schott AG (2009), *Parabolrinnen-kraftwerk,* Schott AG, Homepage: www.schott.com/german/applications/energy_environment.html?PHPSESSID=df7pqaecamh5c88uaqo7fs4514, 05. Juni 2010.

Schwister 2009: Schwister, K. (2009), *Taschenbu-ch der Umwelttechnik,* Fachbuchverlag Leipzig im Carl Hanser Verlag, München.

SGL 2010: SGL Group The Carbon Company

(Hrsg.) (2010), *SGL Automotive Carbon Fibers legt Grundstein in Moses Lake,* Washington, Pressemitteilung, Homepage: www. sglgroup.com/cms/international/press-lounge/news/2010/07/07072010_p1.html?__locale=de, 22. April 2011.

Siemer 2010: Siemer, J. (2010), *Auf eine ungewisse Zukunft: Die EEG-Novelle wurde nach nochmaliger Diskussion und kosmetischer Änderung verabschiedet,* in: PHOTON: Das Solarstrom-Magazin, 8/2010, 14–17, Aachen.

Solar- & Windenergie 2010: Solar- & Windenergie(2010), *Wirtschaftlichkeit von Wasserkraft und ökonomische Bedeutung,* Homepage: www.solar-und-windenergie.de/wasserkraft/wirtschaftlichkeit.html, 20. Mai 2010.

Solar Millennium 2011: Solar Millennium AG (2011), *Blythe: Das größte Kraftwerk der Welt,* Solar Millennium Homepage: www.solarmillennium.de/deutsch/technologie/referenzen-undprojekte/blythe-usa/index.html, 19. August 2011.

Solar Millennium AG 2010: Solar Millennium AG(2010), *Referenzen am Weltmarkt: Die Andasol-Kraftwerke,* Solar Millennium Homepage: www.solarmillennium.de/front_content.php?idart=155, 15. April 2010.

Solar Plan 2011: Solar Plan International Ltd. (2011), *Einspeisevergütung laut EEG,* Solar Plan Homepage: www.solar-plan.de/ein spei-severguetung.html, 29. Mai 2010.

Solaranlagen Portal 2011: Preisentwicklung Photovoltaik & Photovoltaik Preisvergleich, Solaranlagen Portal 2011 Homepage: www.solaranlagen-portal.com/photovoltaik/kosten/ preisentwicklung, 26. Juli 2011.

Solarbuzz 2011: Solarbuzz (2011), *Nach Spitzenjahr 2010 droht Solarmodulflut,* EE News Homepage: www.ee-news.ch/de/article/21861/nachspitzenjahr-2010-droht-solarmodulflut, 01. April 2011.

Solarenergieförderverein 2004: Solarenergieförderverein Bayern e.V. (2004), *Stand der Technik und neue Entwicklungen in der Photovoltaik,* SEV-Bayern Homepage: www.sev-bayern.de/content/downloads/vortrag_tum.pdf, 27. Januar 2011.

Solarintergration 2010: Solarintergration (2010), *Wirkungsgrade,* Solarintegration Homepage: www.solarintegration.de/index.php?id=359, 29. Dezember 2010.

Solarklar 2009: Solarklar (2009), Mittlere Sonneneinstrahlung in kWh/m. pro Jahr, Solarklar Homepage: www.solarklar.de/vm/pics/156/In-Deutschland-ausreichende-Sonnen einstrahlung.jpg, 24. Mai 2010.

Solarprinz 2010: Solarprinz (2010), *Exklusive Tabelle: Deutschlands größte Solaranlagen,* Solarprinz Homepage: www.solar-prinz.de/exklusi ve-tabelle-deutschlands-groste-solaranlagen/596, 12. September 2010.

Solarserver 2009: Solarserver (2009), *Abengoa Solar nimmt 20 MW Solarturm-Kraftwerk in Spanien in Betrieb,* Solarserver Homepage: www.solarserver.de/news/news-10612.html, 04. Mai 2009.

Solarserver 2010: Solarserver (2010), *Schwerkraftanlage,* Solarserver Homepage: www.solar server.de/lexikon/schwerkraftanlage.html, 17. April 2010.

Spiegel 1963: Der Spiegel (1963), *Sturz vom Monte Toc,* 42/1963, Homepage: www.spiegel.de/spiegel/print/d-46172382.html, 01. August 2011.

Staiß et al. 2006: Staiß, F.; Kratzat, M.; Nitsch, J.; Lehr, U.; Edler, D. und Lutz, C. (2006), Erneuerbare Energien: Arbeitsplatzeffekte. Wirkungen des Ausbaus erneuerbarer Energien auf den deutschen Arbeitsmarkt. Kurz- und Langfassung, Bundesministerium für Umwelt, Naturschutz und Reaktorsicherheit (BMU) (Hrsg.), Berlin, Homepage: www.erneuerbare-energien.de/files/pdfs/allgemein/application/pdf/arbeits markt_ee_lang.pdf, 11. April 2011.

Stephan et al. 2009: Stephan, P.; Schaber, K.; Stephan, K. und Mayinger, F. (2009), *Thermodynamik– Grundlagen und technische Anwendungen. Band 1: Einstoffsysteme,* Springer Verlag, Berlin, Heidelberg.

SW Jülich 2011: SW Jülich (2011), *Größte Solarturmanlage Deutschlands,* Homepage: www.solarturm-juelich.de/de, 05. Juli 2010 .

SZ 2007: Süddeutsche Zeitung (2007), *Beben in Basel,* SZ Homepage: www.sueddeutsche.de/wissen/geothermie-beben-in-basel-1.832476, 31. Juli 2011.

SZ 2008: Süddeutsche Zeitung (2008), *Der unendliche Matsch,* SZ Homepage: www.sueddeutsche. de/wissen/schlammvulkan-auf-java-derunendliche-matsch-1.580597, 31. Juli 2011.

SZ 2009: Süddeutsche Zeitung Online (2009), *Null Emissions Stadt Masdar-City die Notbremse des Sultans,* Süddeutsche Zeitung Homepage: http://www.sueddeutsche.de/wirtschaft/null-emissionsstadt-masdar-city-die-notbremse-des-sultans-1.7636, 17. März 2011.

Thermo Globe 2011: Thermo Globe GmbH (2011) *Grundwasser Wärmepumpe,* Thermo Globe Homepage: www.thermoglobe.de/de/waerme-pumpe/grundwasser-waermepumpe.html, 27. Juli 2011.

Thüringer Landesanstalt für Umwelt und Geologie (TLUG) 2010: Thüringer Landesanstalt für Umwelt und Geologie (TLUG) (2010), *Nutzung oberflächennaher Geothermie,* TLUG Hompage: www.tlug-jena.de/geothermie/dokumente/arbeitshilfe_erdwaerme.pdf, 19. April 2010.

TLUG 2010: Thüringer Landesanstalt für Umwelt und Geologie (TLUG) (2010), *Nutzung oberflächennaher Geothermie,* TLUG Hompage: www.tlug-jena.de/geothermie/dokumente/arbeitshilfe_erdwaerme.pdf, 19. April 2010.

Treehugger 2011: Treehugger (2011), *Abu Dhabi to Debut Personal Rapid Transit „Podcars",* Treehugger Homepage: www.treehugger.com/files/2009/02/masdar-prt-interview.php, 14. März 2011.

TST Photovoltaik 2011: TST Photovoltaik (2011), *Einführung in die Funktion der Photovoltaik,* Solarladen Homepage: www.solarladen.de/photovoltaik_funktion.php, 18. April 2010.

Twele/Gasch 2010: Twele, J. und Gasch, R. (2010), *Windkraftanlagen,* Vieweg + Teubner GWV Fachverlage, Wiesbaden.

UBA 2010: Umweltbundesamt (2010), *2050: 100% - Energieziel 2050: 100 % Strom aus erneuerbaren Quellen,* Dessau-Roßlau.

Umwelt Online 1990: Umwelt Online (1990),

Stromeinspeisegesetz, Gesetz über die Einspeisung von Strom aus erneuerbaren Energien in das öffentliche Netz, Umwelt Online Homepage: www.umwelt-online.de/recht/energie/ein_ges.htm, 13. Juli 2010.

Umweltbundesamt 2011: Umweltbundesamt (2011), *Was ist Energie,* Umweltbundesamt Österreich Homepage: www.umweltbundesamt. at/umweltsituation/energie/wasistenergie/, 26. März 2011.

Umweltdatenbank 2003: Umweltdatenbank (2003) *Nahwärmeversorgung,* Umweltdatenbank Homepage: www.umweltdatenbank.de/lexikon/nahwaermeversorgung.htm, 18. April 2010.

Umweltinstitut München 2008: Umweltinstitut München e.V. (2008), *Uranabbau und seine Umweltauswirkungen, Atomenergie ist keine „saubere" Energie,* Umweltinstitut Homepage: www.Umweltinstitut.org/download/6_uranabbau_de.pdf, 25. Juli 2011.

Uni Wien 2011: Universität Wien (2011), *Geschichte der Wasserkraft,* Uni Wien Homepage: www.univie.ac.at/pluslucis/FBA/FBA00/wallner/p06_9.htm, 07. August 2011.

United Nations 2009: United Nations Department of Econonomic and Social Affairs (2009), *World population prospects: The 2008 Revision,* United Nations, New York.

Universität Kassel 2010: Universität Kassel (2010), *Vorlesung Geothermie SS 2010,* Homepage: www.uni-kassel.de/fb14/geohydraulik/Lehre/Geophysik_Geothermie/Geophysik_Sum10.html&usg=D8hGQfGSDnyJz4OOBL HJd7VwgDY=&h=300&w=400&sz=38&hl=de&start=70&um=1&itbs=1&tbnid=BabaW

Dii6QUPWM:&tbnh=93&tbnw=124&prev=/images%3Fq%3Daufbau%2Bwasserkraftanlage%26start%3D60%26um%3D1%26hl%3Dde%26client%3Dfirefox-a%26sa%3DN%26rls%3Dorg.mozilla:de:official%26ndsp%3D20%26tbs%3Disch:1, 20. April 2010.

Vallentin/Viebahn 2009: Vallentin, D. und Viebahn, P. (2009), *Ökonomische Chancen für die deutsche Industrie resultierend aus einer weltweiten Verbreitung von CSP (Concentrated Solar Power) – Technologien,* Studie im Auftrag von Greenpeace Deutschland, der Deutschen Gesellschaft Club of Rome und der DESERTEC Foundation, Wuppertal.

Vattenfall Europe AG 2007: Vattenfall Europe AG (2007), *Broschüre Pumpspeicherwerk Goldisthal,* Vattenfall Europe AG Homepage: www.vattenfall. de/www/vf/vf_de/Gemeinsame_Inhalte/DOCUMENT/154192vatt/Bergbau_und_Kraftwerke/P02115223.pdf, 24. Mai 2010.

Vattenfall Europe AG 2010: Vattenfall Europe AG (2010), *Energie aus der Kraft des Wassers,* Hamburg, Homepage: www.vattenfall.de/www/vf/vf_de/225583xberx/225613dasxu/225933bergb/226503kerng/226173kraft/226233wasse/index.jsp, 10. Mai 2010.

VDEW 2007: VDEW (2007), Verband der Elektrizitätswirtschaft e.V. (VDEW), *Stromrechnung. Rund 40 Prozent Staatsanteil: Durchschnittliche Stromrechnungeines Drei-Personen-Musterhaushalts im Monat in Euro,* Berlin, Homepage: www.bdew.de/bdew.nsf/id/DE_Musterhaushalt/$file/Musterhaushalt.doc, 06. Februar 2007.

Verband der Elektrotechnik Elektronik Infor-mationstechnik e.V. (VDE) 2007: Verband der Elektrotechnik Elektronik Informationstechnik e.V. (VDE) (2007), *Geothermische Kraftwerke,* VDE Homepage: www.vde.com/de/fg/ETG/Arbeits gebiete/V1/Aktuelles/Oeffentlich/Seiten/ Geo thermischeKraftwerke.aspx, 20. Mai 2010.

Verband der Elektrotechnik Elektronik Informationstechnik e.V. (VDE) 2010: Verband der Elektrotechnik Elektronik Informationstechnik e.V. (VDE) (2010), *Smart Grids – Modebegriff oder mehr?,* VDE Homepage: www.vde.com/de/fg/ ETG/Arbeitsgebiete/V2/Aktuelles/Oeffenlich/ Seiten/SmartGridsKreusel.aspx, 13. Juli 2010.

Voith Siemens Hydro Power Generation 2009a: Voith Siemens Hydro Power Generation (2009), *Pelton turbines,* Heidenheim, Homepage: www. voithhydro.de/media/VSHP090041_Pelton_ t3341e_72dpi.pdf, 14. Juli 2010.

Voith Siemens Hydro Power Generation 2009b: Voith Siemens Hydro Power Generation (2009), *Francis turbines,* Heidenheim, Homepage: www.voithhydro.de/media/t3339e_Francis_ 72dpi.pdf, 14. Juli 2010.

Voith Siemens Hydro Power Generation 2009c: Voith Siemens Hydro Power Generation (2009), Kaplan turbines, Heidenheim, Homepage: www.voithhydro.de/media/t3340e_ Kaplan_72dpi.pdf, 14. Juli 2010.

Voith Siemens Hydro Power Generation 2009d: Voith Siemens Hydro Power Generation (2009), *Wie wird aus Wasser Strom?,* Heidenheim.

Voith Siemens Hydro Power Generation 2009e: Voith Siemens Hydro Power Generation (2009), *Brasilien,* Heidenheim, Homepage: www.voith. de/brasilien.htm, 15. Juli 2010.

Wagner 2009: Wagner, U. (2009) *Nutzung Regenerativer Energien,* Technische Universität München.

Watter 2009: Watter H. (2009), *Nachhaltige Energiesysteme,* Vieweg+Teubner GWV Fachverlage, Wiesbaden.

WEC 2007: World Energy Council (2007), *Energy Scenario Development Analysis: WEC Policy to 2050,* World Energy Council 2007, United Kingdom.

Welt Organisation für Meteorologie (WMO) 2010: World Meteorological Organization (WMO) (2010), *WMO-Bericht zum Zustand des globalen Klimas 2010,* Chair, Publication Board World Meteorological Organization (WMO) 2011.

Werum 2010: Werum, J. (2010) *Elektrizitätswirtschaft,* Hochschule Darmstadt.

Wesselak/Schabbach 2009: Wesselak, V. und Schabbach, T. (2009), *Regenerative Energietechnik,* Springer Verlag, Berlin, Heidelberg.

Wicht Technologie Consulting (WTC) 2007: Wicht Technologie Consulting (WTC) (2007), *Unternehmensberatung WTC: Marktanteil der Dünnschicht-Solarmodule steigt bis 2011 auf 18 %,* Solarserver Homepage: www.solarserver. de/news/news-7758.html, 25. April 2010 .

Wind Energy Association (WWEA) 2010: Wind Energy Association (WWEA) (2010), *Word Wind Energy Report 2009,* Bonn, WWEA Head Office, Homepage: www.wwindea.org/home/ images/stories/worldwindenergyreport2009_s. pdf, 01. Mai 2010.

Wind Journal 2011: Wind Journal (2011), *Klein-windkraftanlagen,* Wind Journal Homepage: www.windjournal.de/kleinwindkraftanlagen, 29. April 2011.

Wissenschaftlicher Beirat der Bundesregierung Globale Umweltveränderungen (WBGU) 2008: Wissenschaftlicher Beirat der Bundesregierung Globale Umweltveränderungen (WBGU) (2008), *Welt im Wandel – Zukunftsfähige Bioenergie und nachhaltige Landnutzung,* Berlin, Homepage: www.wbgu.de/wbgu_jg2008.html, 20. Mai 2010.

Wittenberg 2011: Wittenberg, H. (2011) *Praktische Hydrologie,* Vieweg + Teubner Verlag, Wiesbaden.

World Commission on Dams (WCD) 2000: World Commission on Dams (WCD) (2000), *Staudämme und Entwicklung,* Abschlussbericht 2000 der Weltkommission für Staudämme (WCD), Homepage: www.dams.org/report, 15. Juli 2010.

Zahoransky 2007: Zahoransky R. (2007), *Energietechnik: Systeme zur Energieumwandlung; Kompaktwissen für Studium und Beruf,* Friedr. Vieweg & Sohn Verlag GWV Fachverlage, Wiesbaden.

Zentrum für Sonnenenergie- und Wasserstoffforschung Baden-Württemberg (ZSW) 2010: Zentrum für Sonnenenergie- und Wasserstoffforschung Baden-Württemberg (ZSW) (2010), *Weltrekord mit Dünnschichtzelle,* Solarcontact Homepage: www.solarcontact.de/content/news/detail.php4?id=1820&PHPSESSID=c9e9763e7a2745e94bfc34ff7180ef89, 02. Mai 2010.

Ziegeldorf 2009: Ziegeldorf, H. (2009), *Maßeinheiten für die Energie: Umrechung Joule (J),* Agenda 21 Treffpunkt, Homepage: www.agenda21-treffpunkt.de/lexikon/joule.htm, 25. April 2011.

AG(Arbeitsgemeinschaft) 협회

AGEB(Arbeitsgemeinschaft Energiebilanzen) 에너지 수급 균형 조사 협회

AME(Altfett-Methylester) 폐유 메틸에스테르

BDEW(Bundesverband der Elektrizitätswirtschaft) 독일연 방 에너지 및 수자원 관리 협회

BEE(Bundesverband Erneuerbare Energien) 독일연방 재생 에너지 협회

BJ(Bundesministerium für Justiz) 연방 법무부

BMBF(Bundesministerium für Bildung und Forschung) 연방 교육연구부

BMELV(Bundesministerium für Ernährung, Landwirtschaft und Verbraucherschutz) 연방 식품 농업 소비자보호부

BMU(Bundesministerium für Umwelt, Naturschutz und Reaktorsicherheit) 연방 환경부

BVKW(Bundesverband Kleinwindanlagen) 독일 소형풍력 발전기 협회

BWE(Bundesverband Wind-Energie e. V.) 독일연방 풍력에 너지 협회

BWP(Bundesverband Wärmepumpe) 독일연방 열펌프 협회

CdTe(Cadmiumtellurid) 카드뮴텔루라이드

CIGS(Kupferindiumgalliumdiselenid) 구리인듐갈륨셀레늄

CIS(Kupferindiumdiselenid) 구리인듐셀레늄

CSP(Concentrated Solar Power) 태양열응집발전

DENA(Deutsche Energie Agentur GmbH) 독일 에너지청

DGS(Deutsche Gesellschaft für Sonnenenergie e.V.) 독일 태 양에너지 협회

DIW(Deutsches Institut für Wirtschaftsforschung Berlin) 독 일 경제연구소

DLR(Deutsches Zentrum für Luft- und Raumfahrt e.V.) 독일 항 공우주연구센터

DOTI(Deutsche Offshore-Testfeld und Infrastruktur GmbH & Co. KG) 독일 해상풍력 테스트를 위한 컨소시엄 회사

EEG(Erneuerbare-Energie-Gesetz) 재생가능에너지법

EEWärmeG(Erneuerbare-Wärme-Gesetz) 재생가능에너 지열법

EnBW(Energie Baden Württemberg AG) 바덴뷔르템베르 크 에너지사(독일 4대 에너지 기업으로 바덴뷔르템베르크 주 소재)

EVA(Ethylen-Vinyl-Acetat) 에틸렌 초산 비닐

EWI(Energiewirtschaftliches Institut) 쾰른 에너지경제연 구소

EPIA(European Photovoltaik Industry Association) 유럽 태양 광산업 협회

EREC(European Renewable Energy Council) 유럽 재생가능 에너지 협회

FAME(Fettsäuremethylester) 지방산 메틸 에스테르

FAZ(Frankfurter Allgemeine Zeitung) 프랑크푸르터 알게마 이네 신문

FoE(Friends of the Earth) 지구의 벗

FVEE(Forschungsverbund Erneuerbare Energien) 재생에너 지 연구 연합

GGA(Geysers Geothermal Association) 게이저 지열 협회

GtV(Bundesverband Geothermie) 독일 지열 협회

GTM(Greentech Media) 그린테크 미디어

GuD(Gas- und Dampfkraftwerk) LNG 복합화력발전소

GWEC(Global Wind Energy Council) 세계 풍력에너지 협회

GWS(Gesellschaft für Wirtschaftliche Strukturforschung mbH) 경제 구조 연구소(거시경제 효과 분석, 계량경제학, 사회과 학, 에너지 데이터 관리 분야 연구 기관)

HEA(Fachgemeinschaft für effiziente Energieanwendung) 효율적인 에너지 사용을 위한 전문 협회

HGÜ(Hochspannungs-Gleichstrom-Übertragungstechnik) 초고압 직류 송전 기술

HLUG(Hessisches Landesamt für Umwelt und Geologie) 헤센 주 환경지질청

IFEU(Institut für Energie- und Unweltforschung Heidelberg GmbH) 하이델베르크 에너지 환경 연구소

IEEP(Institute European Environmental Policy) 유럽 환경정책 연구소

IER(Institut für Energiewirtschaft und Rationelle Energiean-wendung) 에너지경제 및 합리적 에너지 이용 연구소

ISI(Fraunhofer-Institut für System- und Innovationsforschung) 프라운호퍼 시스템 혁신 연구소

IWES(Frauenhofer Institut für Windenergie und Energiesys-temtechnik) 프라운호퍼 풍력에너지 및 에너지시스템기술 연구소

KMU(kleine und mittlere Unternehmen) 중소기업

KWK(Kraft-Wärme-Kopplung) 열병합발전

LFU(Bayerisches Landesamt für Umwelt) 바이에른 주 환경청

MPP(Maximum Power Point) 최대전력점

NGEE(Netzwerke Grundlagenforschung erneuerbare Ener-gien und rationelle Energieanwendung) 재생에너지와 합리적 에너지 이용을 위한 기초연구 네크워크

ORC(Organic-Rankine-Cycle) 유기 랭킨 사이클

PIK(Potsdam-Institut für Klimaforschung) 포츠담 기후연구소

PME(Palmöl-Methylester) 팜유메틸에스테르

PRT(Personal Rapid Transit) 개인 고속 이동

PV(Photovoltaik) 태양광

RME(Rapsöl-Methylester) 유채유 메틸에스테르

RWI(Rheinisch-Westfälisches Institut für Wirtschafts-forschung) 라인란트 베스트팔렌 경제연구소

Si(Silizium) 규소

SRU(Sachverständigenrat für Umweltfragen) 환경자문위원회

TCO(Transparent Conductive Oxide) 투명 전도성 산화물

TLUG(Thüringer Landesanstalt für Umwelt und Geologie) 튀링겐 환경지질청

UN(United Nations) 유엔

VDE(Verband der Elektrotechnik Elektronik Informationstech-nik e.V.) 독일 전기전자 정보기술협회

VDEW(Verband der Elektrizitätswirtschaft e.V.) 독일 전기경제협회

VEA(Bundesverband der Energieabnehmer) 전국 에너지 소비자 연합

WBGU(Wissenschaftlicher Beirat der Bundesregierung Globale Umweltveränderungen) 독일 지구 환경 변화 자문위원회

WCD(World Commission of Dams) 세계 댐위원회

WKA(Windkraftanlage) 풍력발전기

WWEA(Wind Energy Association) 풍력에너지협회

WTC(Wicht Technologie Consulting) 위히트 기술 컨설팅사

ZEW(Zentrum für Europäische Wirtschaftsforschung) 유럽 경제연구센터

ZSW(Zentrum für Sonnenenergie und Wasserstoffforschung Baden Württemberg) 바덴뷔르템베르크 주 태양에너지와 수소 연구 센터

단위 표시

A = Fläche 면적

A = Ampere 암페어

a = Atto 아토(국제단위계 SI에서 10^{18}분의 1을 나타내는 접두어-옮긴이)

BTU = British Thermal Unit 영국 열단위(1파운드의 물을 1화씨 상승시키는 열의 양-옮긴이)

°C = °Celsius 섭씨

c = Centi 센티

C_p = Betz'scher Leistungsbeiwert 베츠 출력 계수

C_A = Auftriebsbeiwert 양력 계수

C_W = Widerstandsbeiwert 저항 계수

D = Deka 10의

d = Dezi 10분의 1

E = Energie 에너지

E = Bestrahlungsstärke 조명도

E = Exa 엑사(국제단위계에서 10^{18}, 백경을 나타내는 단위)

EJ = Exa Joule 엑사줄, 100경 줄(10^{18}줄)

eV = Elektronenvolt 전자볼트

erg = Erg 에르그(일 또는 에너지의 절대단위)

F = Kraft(영어로는 Force) 힘

f = Femto 펨토(10^{-15}, 1000조분의 1)

G = Giga 기가(10^9, 십억)

g = Gramm 그램

g = Erdbeschleunigung 중력가속도

H = Hekto 헥토(100)

I = elektrische Stromstärke 전류

h = Stunde hour(시간)

K = Kelvin 켈빈(절대 온도의 단위)

k = kilo 킬로(1000)

kcal = Kilokalorien 킬로칼로리

kg = Kilogramm 킬로그램

km = Kilometer 킬로미터

kJ = Kilojoule 킬로줄

kpm = Kilopondmeter 일의 단위 (1 kpm은 9.80665 J)

kW = Kilowatt 킬로와트

kWh = Kilowattstunde 킬로와트시

J = Joule 줄(에너지 단위: 1줄은 1뉴턴의 힘으로 물체를 1미터 움직이는 데 필요한 에너지)

M = Mega 메가(백만)

MW = Megawatt 메가와트

m = Meter 미터

m = Masse 질량

m = Milli 밀리(1000분의 1)

m' = Luftmassenstrom 공기유량

m/s = Meter pro Sekunde 미터/초

μ = Mikro 마이크로(100만분의 1)

n = Nano 나노(10억분의 1)

Nm = Newtonmeter 뉴튼미터(에너지 단위, Joule=Nm)

P = Leistung 출력

p = Peta 페타(10^{15}, 1000조)

p = Pico(Piko) 피코(10^{-12}, 1조분의 1)

p = Dichte 밀도

Q = Wärme 열

R = elektrischer Widerstand 전기 저항

r = Radius 반지름

RÖE = Rohöleinheiten 원유 환산 단위

s = Weg (라틴어로는 spatium) 길이

s = Sekunde 초

SKE = Steinkohleeinheiten 석탄 환산 단위

T = Tera 테라(10^{12}, 1조)

t = Zeit time(시간)

U = elektrische Spannung 전압

V = Volumen 부피

V = Volt 볼트

v = Geschwindigkeit 속도

W = Watt 와트

Ws = Wattsekunde 와트초(1W의 에너지를 1초 사용한 에너지 단위)

Y = Yotta 요타(1자에 해당하는 접두어)

y = Yokto(Yocto) 요토(10^{-24}를 의미: 1자분의 1)

Z = Zetta 제타(10^{21}에 해당: 10해)

z = Zepto 젭토(10^{-21}로 10해분의 1)

표 10.1
단위 표

국제단위 표시	수학적 표시	단어로 표기	계산	약어
Yokto (Yocto)	$1 \cdot 10^{-24}$	1자분의 1	$\cdot \dfrac{1}{1000\,000\,000\,000\,000\,000\,000\,000}$	[y]
Zepto	$1 \cdot 10^{-21}$	10해분의 1	$\cdot \dfrac{1}{1000\,000\,000\,000\,000\,000\,000}$	[z]
Atto	$1 \cdot 10^{-18}$	100경분의 1	$\cdot \dfrac{1}{1000\,000\,000\,000\,000\,000}$	[a]
Femto	$1 \cdot 10^{-15}$	1000조분의 1	$\cdot \dfrac{1}{1000\,000\,000\,000\,000}$	[f]
Pico (Piko)	$1 \cdot 10^{-12}$	10억분의 1	$\cdot \dfrac{1}{1000\,000\,000\,000}$	[p]
Nano	$1 \cdot 10^{-9}$	1000만분의 1	$\cdot \dfrac{1}{1000\,000\,000}$	[n]
Mikro	$1 \cdot 10^{-6}$	100만분의 1	$\cdot \dfrac{1}{1000\,000}$	[μ]
Milli	$1 \cdot 10^{-3}$	1000분의 1	$\cdot \dfrac{1}{1000}$	[m]
Centi	$1 \cdot 10^{-2}$	100분의 1	$\cdot \dfrac{1}{100}$	[c]
Dezi	$1 \cdot 10^{-1}$	10분의 1	$\cdot \dfrac{1}{10}$	[d]
Deka	$1 \cdot 10$	10	$\cdot 10$	[D]
Hekto	$1 \cdot 10^{2}$	100	$\cdot 100$	[H]
Kilo	$1 \cdot 10^{3}$	1000	$\cdot 1000$	[k]
Mega	$1 \cdot 10^{6}$	100만	$\cdot 1000\,000$	[M]
Giga	$1 \cdot 10^{9}$	1000만	$\cdot 1000\,000\,000$	[G]
Tera	$1 \cdot 10^{12}$	1조	$\cdot 1000\,000\,000\,000$	[T]
Peta	$1 \cdot 10^{15}$	1000조	$\cdot 1000\,000\,000\,000\,000$	[P]
Exa	$1 \cdot 10^{18}$	100경	$\cdot 1000\,000\,000\,000\,000\,000$	[E]
Zetta	$1 \cdot 10^{21}$	10해	$\cdot 1000\,000\,000\,000\,000\,000\,000$	[Z]
Yotta	$1 \cdot 10^{24}$	1자	$\cdot 1000\,000\,000\,000\,000\,000\,000\,000$	[Y]

기후변화에 대응하는
재생가능에너지

처음 찍은 날 | 2014년 6월 25일
처음 펴낸 날 | 2014년 7월 5일

지은이 | 마리우스 다네베르크 외
옮긴이 | 박진희

펴낸이 | 김태진
펴낸곳 | 도서출판 다섯수레
등록일자 | 1988년 10월 13일
등록번호 | 제 3-213호
주소 | 경기도 파주시 광인사길 193 (문발동) (우 413-120)
전화 | 02)3142-6611(서울 사무소)
팩스 | 02)3142-6615
홈페이지 | www.daseossure.co.kr

편집 | 김경희, 정현경, 이진아, 송혜주
디자인 | 한지혜

ⓒ 다섯수레, 2014

ISBN 978-89-7478-389-1 93530

이 도서의 국립중앙도서관 출판예정도서목록(CIP)은 서지정보유통지원시스템 홈페이지
(http://seoji.nl.go.kr)와 국가자료공동목록시스템(http://www.nl.go.kr/kolisnet)에서
이용하실 수 있습니다.(CIP제어번호: CIP2014017186)